全国电力建设
人身伤亡典型事故汇编
（2005—2012 年）

国家能源局电力安全监管司　编

浙江人民出版社
ZHEJIANG PEOPLE'S PUBLISHING HOUSE

中国电力传媒集团
CHINA ELECTRIC POWER MEDIA GROUP

内 容 提 要

为深刻吸取电力建设人身伤亡事故教训，防止同类事故再次发生，现对2005—2012年发生的电力建设人身伤亡事故进行整理，并将其中较大以上的人身伤亡事故作为典型事故案例，汇编成册，供全国电力行业从事设计、施工、验收、运行、维护、检修、安全、调度、管理等方面的技术人员和管理人员，以及相关专业人士参考、学习。

图书在版编目（CIP）数据

全国电力建设人身伤亡典型事故汇编：2005—2012年／国家能源局电力安全监管司编. —杭州：浙江人民出版社，2014.4（2014.6 重印）

ISBN 978-7-213-05912-4

Ⅰ. ①全… Ⅱ. ①国… Ⅲ. ①电力工业－工伤事故－汇编－中国－2005－2012 Ⅳ. ①TM7

中国版本图书馆 CIP 数据核字（2013）第 309900 号

全国电力建设人身伤亡典型事故汇编（2005—2012 年）

作　　者：	国家能源局电力安全监管司
出版发行：	浙江人民出版社　中国电力传媒集团
经　　销：	中电联合（北京）图书销售有限公司 销售部电话：（010）63416768　60617430
印　　刷：	三河市鑫利来印装有限公司
责任编辑：	杜启孟　宗　合
责任印制：	郭福宾
版　　次：	2014 年 4 月第 1 版·2014 年 6 月第 2 次印刷
规　　格：	710mm×1000mm　16 开本·11.25 印张·160 千字
书　　号：	ISBN 978-7-213-05912-4
定　　价：	39.50 元

前　言

　　"安全第一，预防为主"是电力建设施工工作顺利进行的基础和保证。电力建设施工安全，不仅涉及到施工人员的生命和健康，而且关系到电力工程的整体建设和施工进度。电力建设施工安全一旦无法得到保障，就有可能引发人身伤亡、工程设备和电气设备损毁等事故，进而威胁到电网安全稳定运行，直接影响到工农业生产和人民生活的正常进行，给社会带来重大的经济损失，影响社会的安定。

　　近几年来，我国电力安全生产保持了基本稳定的态势，但电力建设施工安全形势依然严峻，电力建设安全事故，特别是较大人身伤亡事故偶有发生。为了加强电力建设施工安全监督管理，增强电力行业从业人员安全意识，有效防范电力建设安全事故发生，我们对 2005—2012 年发生的电力建设人身伤亡事故进行整理，将其中的较大以上人身伤亡事故作为典型事故案例汇编成册，并从事故简述、事故经过、事故原因、暴露问题、防范及整改措施等方面对事故进行阐述，供电力企业和有关单位工作人员学习、借鉴。

　　根据《生产安全事故报告和调查处理条例》（中华人民共和国国务院令第 493 号）、《电力安全事故应急处置和调查处理条例》（中华人民共和国国务院令第 599 号）等国家相关法律法规，我们对近年来全国电力建设人身伤亡事故以年度为单位进行统计，结果表明：2005—2012 年，全国电力建设人身伤亡事故发生起数由 35 起下降至 16 起，死亡人数由 92 人下降至 47 人，事故起数和死亡人数分别下降54%和49%；其中，较大以上人身伤亡事故发生起数由 14 起下降至 9 起，死亡人数由 66 人下降至 39 人，事故起数和死亡人数分别下降 36%和 41%。

从整体趋势上看，防范电力建设人身伤亡事故的工作虽然取得一定成效，但事故和人员伤亡总量仍旧处于较多水平，电力建设施工安全问题并未得到根本性解决。特别是 2011—2012 年，全国电力建设人身伤亡事故数量相比之前有所反弹，事故起数和死亡人数连续两年处于上升状态。2011 年，全国电力建设人身伤亡事故发生起数和死亡人数相比 2010 年分别上升 100%和 43%，其中较大以上人身伤亡事故发生起数和死亡人数上升 25%和 22%；2012 年，全国电力建设人身伤亡事故发生起数和死亡人数相比 2011 年分别上升 14%和 57%，其中较大以上人身伤亡事故发生起数和死亡人数分别上升 80%和 77%。

回顾 2005—2012 年全国发生的六十余起较大以上电力建设人身伤亡事故，主要以 3 类事故造成的人员伤亡和财产损失情况最为严重：一是高处坠落事故，二是由施工现场坍塌、塌方等因素引发的掩埋、埋压事故，三是由操作平台倒塌、工程设备故障等因素引发的机械伤害事故。此外，由触电、火灾、落水、爆炸、高温灼烫、中毒、交通事故、自然灾害等因素引发的人员伤亡事故也时有发生。

究其原因：一是电力安全生产主体责任未落实到位，安全管理工作存在薄弱环节。部分电力企业安全生产保证体系和监督体系有待进一步完善，安全规程标准执行不严格；对建设施工现场监督检查不到位，安全措施针对性不强，建设施工安全风险分析不及时，建设施工安全动态监控及预报体系尚未完全建立。部分电力企业对外委队伍组织松散，存在以包代管情况，缺乏有效的管理措施和手段。二是电力安全隐患排查治理工作不够深入，工程设备故障引发的人身伤亡事故频发。部分重要工程设备在设计、制造方面存在缺陷，有些甚至是由于设计、材质、工艺等共性因素导致的"家族性"缺陷，在运行过程中故障多发。部分工程设备长期疲劳运行，维护、检修工作不到位，设备可靠性水平低。三是电力建设施工现场安全管理力量不足，人员专业技能水平不高。部分电力建设工程项目安全管理制度不健全，执行不力，安全投入不足、使用不当，压工期、抢进度现象依然存在。部分从业人员安全技能缺乏，存在安装、操作、日常运行维护专业设备等业务外包和过度依赖制造厂家的情况。四是自然灾害和外力破坏对电力建设安全构成严重影响。近年来，我国气候复杂多变，地质条件不稳定，台风、冰冻雨雪等气象灾害和泥石流、山体滑坡等地质灾害严重威胁电力建设施工安全。总的来看，部分电力建设工程项目安全管理粗放，管理制度和管理标准不规范，现场安全管理及文明施工水平不高，安全教育培训不到位，违章作业、违章指挥、违反劳动纪律现象时有发生；部分电力建设项目对脚手架、支撑架、起重机械等重要设备设施管理薄弱，高坠、坍塌和机械伤害事故频出，人身伤亡事故多发。

事故给人民生命和国家财产造成了重大损失，并产生一定的社会影响，也反映出事故单位在安全生产责任落实、生产现场管理、安全费用投入、安全培训等方面存在着薄弱环节和突出问题。希望各单位从 2005—2012 年全国电力建设人身伤亡典型事故案例中认真吸取事故教训，总结事故规律，落实安全生产责任，完善各项安全措施，进一步提高电力安全生产和应急管理水平，坚决遏制电力建设人身伤亡事故的发生。

编　者

2014 年 3 月

目　　录

2006 年

2011 年

2012 年

附录

2005 年

一、国电常州电厂烟囱施工"1·17"较大事故

1月17日，陕西省电力公司西北电建四公司，在国电常州电厂烟囱施工中，烟囱提升系统拆除时，因提升系统的中心鼓圈突然坠落，造成6人死亡，1人受伤。

二、四川省紫坪铺水利枢纽工程"2·11"泄洪洞岩石坍塌事故

2月11日，中国水利水电建设集团公司第五工程局紫坪铺施工局，在四川省紫坪铺水利枢纽工程泄洪洞排沙过程中，发生岩石坍塌，将施工现场搭设的钢管脚手架施工作业平台砸垮，造成3人死亡、2人重伤、8人轻伤。

三、湖北省清江水布垭工程"5·26"山体塌方事故

5月26日，中国水利水电建设集团公司第十四工程局，在湖北清江水布垭工程施工过程中，因山体塌方，造成3人死亡，1人受伤。该起事故认定为因地质自然灾害而导致的非责任事故。

四、青海省海南州境内拉西瓦水电站建前施工工地"5·26"较大事故

（一）事故简述

5月26日，中国水利水电建设集团公司第十一工程局拉西瓦施工局的分包单位中国地质集团工程公司华北分公司，在对青海拉西瓦水电站水系统2号尾水闸门井施工扩挖面进行清碴工作时，发生岩爆，造成6人死亡。

（二）事故经过

2005年5月26日9:00，分包方作业管理人高×堂带领10名民工到2号尾水闸井扩挖施工的作业现场，在高×堂进行了简单的安全要求和工作安排后进行清碴。在清碴期间，大约11:30，由于距2号尾水闸室较近的1号尾水闸室准备爆破作业，高×堂将10名民工带到尾水闸门操作室与尾水调压室之间的交通通风洞避炮。大约12:05，高×堂将避炮的10名民工中的9名带回到2号尾水闸室EL2264m高程扩挖作业现场（另1名民工因故未回现场），经高×

堂检查 9 名职工的安全带（其中 3 人将安全带系在侧墙锚杆上，其他人将安全带分别系在左右侧向悬拉的安全绳上）后，进行清碴作业。大约 12:20，由于 1 号尾水闸室要清碴，高×堂叫 2 号尾水闸室扩挖作业的人全部上来，安排到 1 号尾水闸室去清碴；此时，左侧 EL2261～EL2264m 高程之间的岩体突然发生坍塌（片邦），崩落的石块将其中 6 人的安全绳砸断，并将此 6 人砸落至导井内。

（三）事故原因

1. 直接原因

（1）水电站 2 号尾水闸室围岩以 Ⅰ、Ⅱ 类花岗岩为主，少量属 Ⅲ 类围岩，围岩坚硬干燥，隧洞埋深 700～800m，地应力高达 25～30MPa，有岩爆现象发生，由于岩体的构造发育特点，加上前期作业面爆破、震动的影响，岩体产生不规则的裂纹，施工单位对竖井岩壁高地应力释放现象估计不充分，在竖井左侧壁清碴作业进行到约 3.6m 的高度时，未采取有效的安全防护措施（施工方案要求每层开挖高度到 4m，清碴完毕后进行锚喷支护一次）。

（2）现场施工管理人高×堂带领 9 名作业人员进入 2 号尾水闸室作业面，在施工过程中，对爆破后的岩体情况认识不充分，对岩体出现裂纹的情况未及时上报和未采取有效的防范措施。

2. 间接原因

（1）分承包人高×平在承包拉西瓦水电站地下厂房系统尾水闸门操作室开挖工程后，未按照《安全生产法》的规定，建立严格的各级安全生产责任制和安全生产的规章制度，未按有关规定参加安全负责人、安全管理人员培训、考核，无安全培训资格证书和项目经理资质证书，委托聘用不具备安全资质的人员负责现场施工管理，盲目从事危险的清碴作业，安全管理意识淡薄，安全防范措施不力。

（2）现场管理人员高×堂未按有关规定参加安全负责人、安全管理人员培训、考核，无安全培训资格证书，所雇用的民工未按有关规定进行安全教育培训，致使现场作业人员缺少应有的自我保护意识，盲目从事危险的清碴作业。

（3）第十一局拉西瓦施工局安全管理意识淡薄，在发包项目工

3

程的过程中，没有对承包人高×平的安全培训和项目经理认证资质进行审查，致使该项目工程从一开始就存在不安全因素，缺乏现场施工技术指导，施工安全监督检查不到位。

（4）中国水利水电建设工程咨询北京公司拉西瓦水电站监理部对右岸地下厂房及尾水闸室系统尾水施工支洞工程 2#尾水闸室扩挖作业面安全监管不力，对该施工面特殊岩体的内在隐患未进行认真分析研究，未能及早对项目工程提出有效的防护措施。

（四）防范及整改措施

（1）施工单位要尽快确定高地应力区复杂地质条件下围岩支护时间、支护类型及有效的施工安全措施，掌握电站地下洞室及岩石变形特征，根据地质条件和岩爆时有发生的特点，重新编制施工组织设计和制定出切实可行的施工安全技术措施方案。

（2）各承建单位和监理单位要切实落实"安全第一，预防为主"方针，对承建工程各个作业面进行认真分析，对危险源（点）实行预控，采取有效的安全技术措施和防护设施，监督施工单位严格按照批准的安全技术措施和安全防护设施为方案进行施工。

（3）黄河上游水电开发有限责任公司拉西瓦建设分公司要立即监督各承建工程单位对各施工分包单位开展全面清查，对不具备施工安全条件和资质的分包施工队伍，终止其分包合同。

（4）黄河上游水电开发有限责任公司拉西瓦建设分公司要进一步组织做好协调、指导、监管各参建单位安全生产工作，检查各参建单位的安全教育、作业安全操作技能培训和持证上岗情况（包括外协队和农民工），提高劳动者自我保护意识，确保施工安全。

五、广西来宾桥巩水电站砂石系统工程"7·8"塌方事故

（一）事故简述

7 月 8 日，广西电力公司广西水利集团有限责任公司在广西来宾桥巩水电站砂石系统工程施工中，发生塌方事故，造成 3 人死亡，2 人受伤。

（二）事故经过

2005 年 7 月 8 日，广西大化瑶族自治县第一建筑工程有限责任公司向砂石系统工程经理部借用的技术负责人廖××带领安全员罗××以及樊××、兰××、李××、何××等人，到砂石系统附属工程桩号 0+60～0+73 段进行基础开挖及安装排污涵管。武汉长科监理公司桥巩水电站监理部监理工程师曹××、黄××在 10:00 巡查到砂石系统排污涵管工地，看到开挖的涵管沟两边边坡比较陡直，没有按照设计要求开挖，就对工地技术负责人廖××提出整改要求，廖××当时答应立即整改，事后却没有进行整改，15:00 在没有专职安全员在现场指挥的情况下，命令反铲车司机李××操作现代 300LC-5 反铲对桩号 0+60～0+68 开挖起槽，由廖××、樊××、罗××、罗×、兰××等人配合边挖边吊装长 2m、直径 0.8m 涵管。19:00 左右完成 0+60～0+68 桩号 4 节涵管的安装。19:30 左右，廖××通知兰××、罗×、樊××、何××、黄××等人继续施工。21:10 左右完成第 5 节涵管安装，准备吊装第 6 节时，廖××、樊××、罗××、罗×、兰××等人从 94.6 高程下到 82.92 高程进行人工基础平整及接管就位工作，这时涵管左侧 86.72 高程以下的边坡突然塌方（土方量 6m³ 左右），将在下方作业的廖××、樊××、罗××、罗×、兰××等 5 人埋住。事故发生后，反铲车司机李××立即打电话报告经理部高××常务副经理；何××和黄××二人立即找人施救。接到报告，经理部领导马上组织人员赶到现场施救，同时拨打 120 急救电话请求救援。边坡坍塌造成樊××、罗××当场死亡；廖××送迁江中心卫生院抢救无效死亡；兰××、罗×受伤。

（三）事故原因

1. 直接原因

（1）由于是在雨季施工，泥土富含水分，内摩擦角减少，黏结力降低，造成土体的抗剪强度急剧下降，加上软弱破碎带发育极其不利组合，加速边坡失稳造成自然坍塌。

（2）大化瑶族自治县第一建筑工程有限责任公司在砂石系统附属工程排污涵管施工中，没有按经理部编制《排水涵管施工技术措施》第 3 条 3.2 款中"第一层放坡 1:1"、"第二层放坡 1:0.5"或"临时支撑加固"的要求开挖起槽、放坡，在专职安全员不到场的情况下，其技术负责人廖××违章指挥施工，造成深槽边坡突然坍塌。

（3）违反作业程序思想麻痹，冒险蛮干，当班安全员罗××对违章作业现象不加以制止，反而参与违章作业。

2. 间接原因

（1）排水涵管工程基础开挖完毕后，未申请验槽，未检查边坡稳定性，未经工序测量检查验收合格，就进行下一道涵管吊装就位施工，留下事故隐患。

（2）施工队安全技术交底不到位。

（3）施工现场安全管理不严，安全监管措施落实不到位。

（4）广西大化瑶族自治县第一建筑工程有限责任公司对员工安全培训、教育不够，员工安全意识淡薄。

（5）施工现场安全检查监督存在漏洞。

（四）防范及整改措施

（1）停止施工作业。由砂石系统工程经理部组织对该建筑工程进行全面的检查，发现事故隐患的，进行彻底整改，并待隐患整改完成，经广西水电工程局组织验收通过，同时报来宾市安全生产监督管理局备案后方能施工。

（2）施工单位必须建立健全安全管理机构，依法配备专职或兼职安全员，落实安全生产责任制，完善安全生产管理制度和措施。

（3）建设单位要加强对建设项目施工的监督管理，对施工单位、监理单位要按要求进行监督和检查。建筑行业，要认真贯彻执行国家和自治区人民政府有关对事故调查处理和行政责任追究的规定，齐抓共管，标本兼治，综合治理，从根本上杜绝安全生产事故发生。

（4）加强安全生产教育和培训，提高员工安全素质，增强职工自我保护意识，建筑行业要组织对建筑施工作业人员进行安全知识教育培训，培训合格后才能上岗。

六、内蒙古能源有限责任公司新丰发电有限责任公司一期工程"7·8"球形网架坍塌事故

7月8日，内蒙古能源有限责任公司新丰发电有限责任公司在一期工程建设过程中，由徐州飞虹网架（集团）公司鄂州分公司承建的 1 号汽机房屋面球形网架部分坍塌，造成 6 人死亡，8 人受伤。

七、山西省忻州西龙池抽水蓄能电站工地"7·8"堵井石渣塌落事故

7 月 8 日，中国水利水电建设集团公司第四工程局的分包单位福建海天建设工程公司，在承建的山西忻州西龙池抽水蓄能电站工地清理闸门井石渣时，因未按照事先制订好的堵井处理方案进行施工，造成堵井石渣突然塌落，致使 3 人高处坠落死亡。

八、重庆电力建设总公司合川电厂工地"7·30"平台支撑钢架坍塌事故

7 月 30 日，重庆市电力公司重庆电力建设总公司承建的重庆合川电厂工地，发生正在浇筑过程中的汽机房 12.55m 平台支撑钢架坍塌事故，造成 5 人死亡，7 人受伤。

九、云南省富宁县谷拉施工局"8·1"重大事故

（一）事故简述

8 月 1 日，中国水利水电建设集团公司第八工程局，在云南省富宁县谷拉水电站施工中，因施工起重设备门机突然倒塌，造成 14 人死亡，4 人重伤。

（二）事故经过

由于谷拉分局在例行检查中，发现其用作施工吊装的 DMQ540/30 型门座式起重机的变幅钢丝绳局部出现扭曲变形和股散现象，分管设备的副局长彭建×、门机长谭××和安全员欧×× 认为存在安全隐患，决定更换变幅钢丝绳，并在调度室的《施工周计划》中列入了对"门机大臂"进行抢修的计划。8 月 1 日 8:00，负责机电设备管理的副局长彭建×组织门机操作人员谭××（班长）、文××、申××、彭观×及其他职工 20 余人更换门机变幅钢丝绳直到上午 10:00。因停电，所有人员撤回休息，到 12:00 来电后，党委书记蒋××、副局长彭建×、谭×，专职安全员欧××、调度室主任陶××等又带领人员继续工作，由于更换的变幅钢丝绳过短（需

480m，实际只有 400m），为达到更换变幅钢丝绳的目的，现场施工组织人员临时决定采取提起重臂，缩短所需变幅钢丝绳长度的办法解决这一问题。于是班长谭××命令门机操作工申××将原来平放的门机起重臂升起，转向 2 号坝顶端（坝高 355m），欲将该坝体顶端作为起重臂的支撑点，并将已经穿好的 8 道变幅钢丝绳逐一撤回后再重新穿绕。当已经穿好的 8 道变幅钢丝绳回撤到最后一道时，钢丝绳发生跳槽，被起重臂顶端滑轮处卡住。谭××见此情况，独自一人爬到起重臂上查看，当他爬到起重臂去拉被卡钢丝绳时，钢丝绳突然向后滑动。此时，起重臂完全斜靠在 2 号坝体顶端，门式起重机整机开始后仰，从 3 号坝体 341.5 水平翻入 4 号坝体的 331.8 水平，造成在门机上作业的 10 人当场死亡，1 人在送往医院的途中死亡，3 人在医院抢救中死亡，4 人受伤。

（三）事故原因

1．直接原因

（1）当起重臂升起转向 2 号坝体，将 2 号坝体顶端作为起重臂斜靠支撑点时，改变了起重臂在正常状态下平衡作用，使本来起到定力矩作用的起重臂变成了方向相反的倾翻力矩。

（2）随着已经穿好的 8 道变幅钢丝绳的逐一回撤，斜靠在 2 号坝体顶端的起重臂因自重的作用，使倾翻力矩逐步加大。当最后一道变幅钢丝绳解开时，起重臂完全斜靠在 2 号坝体顶端，此时，其倾翻力矩得到最大值（23.812t·m），导致门座式起重机在原有倾翻力矩（281.45t·m）和起重臂新增倾翻力矩（23.812t·m）的共同作用下（共计 305.262t·m），大于门机定力矩（303.2t·m）导致整机倾覆。

2．间接原因

（1）违法安装和使用特种设备。根据国务院《特种设备安全监察条例》第 25 条、26 条之规定和国家质量技术检验检疫总局发布的《特种设备目录》，门座式起重机属特种设备，应经特种设备监察部门和专门检测检验机构检测，并取得登记证后，方可安装和使用。事故单位不仅违法安装和使用，而且一直隐瞒不报，埋下了监控盲点的隐患。

（2）轻率决定，盲目实施检修。谷拉分局在对该特种设备进行检修前，既没有专题研究部署检修工作，也没有制订检修方案和相应的安全措施，只是口头同意副局长彭建×负责该项工作，导致检修工作组织随意，无据可依，无证可查，为现场检修人员埋下了随意改变检修方法的隐患。

（3）冒险蛮干、不听劝阻。当现场组织检修面临变幅钢丝绳长度不够的问题时，在没有经过认真研究分析的情况下，就采取将起重臂升起，斜靠在2号坝体顶端进行检修这一冒险行动；当发生意见分歧时，施工局在场的有关负责人都未进行有力的制止，最终使隐患演变成真。

（4）安全管理工作不落实。谷拉分局虽然制定了较为全面的安全管理规章制度，也进行了较多的安全检查，但其发出的《安全整改通知书》和《安全生产例会》，只指出了存在的问题，并没有明确整改的时间和负责整改的责任人，也没有对整改情况进行验收。

（四）防范及整改措施

（1）事故单位及其上级主管部门要通过这次事故深刻吸取工作中不严、不细、不实的教训，特别是要在重大问题决策、重大隐患整改等方面，建立严格的管理制度，做到人员落实、责任落实、时间落实、效果落实。

（2）事故单位及其主管部门要认真吸取对设备管理不严的教训，健全特种设备管理制度，完善特种设备技术档案、遵守法律法规，加强对特种设备安全检测、检验和申报登记工作，积极主动接受有关部门的监督检查。

（3）事故单位的上级主管部门要深刻吸取对下属单位安全管理不到位的教训，要采取措施，做到工作部署到位、现场检查到位、监督整改到位。

（4）各级政府和有关部门要深刻认识加强中央属企业和重点建设项目安全监管的重要性，采取有效措施，解决顾此失彼的问题，安全监管工作要紧密结合当地经济建设的主战场开展，按照法律法规赋予的职责，加大依法行政的工作力度，为重点建设项目的顺利进行创造一个良好的安全生产条件。

十、河南省郑州市郑东新区热电厂新建工程"9·27"龙门吊倒塌事故

9月27日，江西省电力公司江西省火电建设公司的分包单位江西通达锅炉设备工程有限公司，在承建的郑州市郑东新区热电厂新建工程中，其租赁的一台龙门吊在进行卸车作业时发生倒塌，造成3人死亡、1人受伤。

十一、青海省华电大通电厂210m烟囱涂料涂刷工程"10·3"高处起火事故

10月3日，陕西省电力公司西北电力建设第四工程公司的分包单位陕西宝鸡华驰建筑有限责任公司，在承建的青海省华电大通电厂210m烟囱涂料涂刷工程施工作业中，外吊笼在距地面145m高处起火，造成在吊笼中施工的3人死亡。

十二、四川省龙头石水电站泄洪洞"11·26"塌方事故

11月26日，中国水利水电建设集团公司第七工程局龙头石项目部的分包单位北川县万达建设有限公司在进行龙头石水电站泄洪洞混凝土衬砌段边墙钢筋安装作业时，附近上游侧拱肩处发生塌方，造成5人死亡、3人受伤。

十三、湖北省龙桥水电站发电引水隧洞"12·17"岩崩事故

12月17日，湖北省利川市水利电力工程建设公司在承建的利川市龙桥水电站发电引水隧洞施工过程中，发生岩崩事故，造成3人死亡、3人受伤。

十四、湖北省恩施市云龙河三级水电站"12·20"人身伤亡事故

12月20日，中国葛洲坝集团公司第五工程有限公司云龙河项目部在承建的湖北省恩施市云龙河三级水电站建设中，进行爆破作业时，爆破产生的大量石渣坠落至河中激起巨大水浪，将距离爆破区403m处的避炮人员卷入河中，造成3人死亡、3人受伤。

2006 年

一、青海拉西瓦水电站"3·27"机坑侧墙坍塌事故

（一）事故简述

3月27日，中国葛洲坝集团公司的分包单位福建省海天建设工程有限公司在中国电力投资集团公司青海拉西瓦水电站地下主厂房施工过程中，机坑侧墙坍塌，造成3人死亡、2人受伤。

（二）事故经过

2006年3月27日7:30，葛洲坝集团公司拉西瓦工程项目部开挖一队（外协队）和机械队按照监理书面指令在6号机坑EL2197m准备做左侧墙EL2214～2205m临时支护工作，工作面共11人，其中开挖一队（外协队）祁××、马×、杨××、王××、吉××、薛××、邓××和陈××8人进行人工造孔；机械队朱××、车××、田××3人多臂钻台车操作手准备多臂钻造孔。

27日8:00左右葛洲坝集团公司拉西瓦工程项目部安全员刘××对6号机坑EL2197m左侧墙临时支护作业面进行检查，看到6号机坑左右两侧有人在打孔，多臂钻台车在检修，之后离开现场。8:40左右，葛洲坝集团公司拉西瓦工程项目部总经理助理汪××到达6号机坑EL2197m层开始检查工作，看到6号机坑左右两侧有7人在打孔，多臂钻台车上3人在检修台车，将近9:00时，葛洲坝集团公司拉西瓦工程项目部安全部部长程××到达6号机坑EL2197m层，对左侧打孔人员强调要注意安全，左侧墙未发现异常；要求多臂钻台车向左侧移一下，之后走出现场去开会，走到十一局调度室时（约9:40）得知6号机坑发生了事故。

事故发生时，开挖一队祁××、马×、杨××、吉××在6号机坑左侧墙下打孔，王××上中平台EL2207m拿材料，邓××、陈××在6号机坑右侧打孔，薛××离开施工面；多臂钻台车操作手朱××、车××、田××在台车上检修台车，9:20，6号机坑左侧墙岩台（EL2214m）连同四排系统锚杆同时滑塌，将在6号机坑左侧的祁××、马×、杨××、吉××和王××掩埋，离事故地点较远的邓××、陈××两人和多臂钻台车的三人朱××、车××、田××安全撤离现场。

（三）事故原因

（1）F9 断层在厂房下游墙下部宽度很小，6 号机坑方岩体顶部表面有碴覆盖，开挖后基坑内石碴堆积，当时尚不能准确判断其性状。再由于受高地应力早期快速、以后持续释放和开挖扰动的影响，产生明显的卸荷松弛，使结构面抗剪参数降低，存在松动而抗剪参数超出经验估计值。

（2）地下厂房地质条件复杂，断层裂隙众多，由于现场条件所限，F9 在 EL2214m 以下初期性状不清，F9 产状变陡及结构面上抗剪参数的超幅度下降是十分不利的因素，以上不利因素的叠加，使得尽管采取了加深锚固及计划准备加强锚固，但对此处危险点的认识深度仍显不够，未能及时有效地采取防范措施。

（3）分包单位作业面施工人员未严格进行岗前安全培训教育，缺乏自我保护意识，安全意识不强，劳动组织安排不太合理。

（4）承包单位对危险点源认识不足，施工现场安全监督检查工作不到位；特别是对作业面岩体结构的内在隐患分析和研究不透彻，未能及早对该岩体结构采取有效的防护措施。

（5）工程监理单位和建设单位对施工单位的安全措施检查和监管不到位，虽已决定准备对其危险点进一步采取临时支护加固措施，但对此处危险点的严重程度认识不充分，没有立即采取应急防护措施。

（四）暴露问题

（1）分包单位对拉西瓦地下工程存在的潜在地质裂隙发育的认识深度不够，整体技术力量不强，对分包项目存在的潜在危险源认识不足，未采取有效的防护措施，安全管理工作存在一定漏洞。

（2）现场施工人员技术素质低，自我防护及安全意识不强，对项目分包人没有进行针对性的安全培训，对所雇用的现场的管理人员、特种作业人员和民工也没有按规定进行安全培训取证。

（3）监理和建设单位对不同的地质条件的施工特殊岩体的内在隐患，虽已进行了认真分析研究，并提出了技术防范措施，但未能立即组织实施。

（五）防范及整改措施

（1）葛洲坝拉西瓦项目部要尽快确定施工单位清理整改安全隐

患，排查重大危险源，采取有效防范措施，重新编制施工组织设计和施工安全技术措施方案。

（2）各承建单位和监理单位要切实落实"安全第一、预防为主"方针，落实企业安全主体责任，全面对各个作业面进行认真检查分析，对危险点源实施预控，采取有效的安全技术措施和防护设施，监督施工单位严格按照批准的安全技术措施组织施工，合理安全组织劳动力。

（3）黄河上游水电开发有限责任公司拉西瓦建设分公司要立即开展全面安全生产大检查，排查事故隐患，限期整改，同时对发现不具备施工安全条件和资质的分包施工队伍，立即责令清退。进一步组织做好协调、指导、监督各参建单位安全生产工作，检查各参建单位的安全教育、作业安全操作技能培训和持证上岗情况，发现问题，立即整改，提高劳动者自我保护意识，确保施工安全。

二、山东滕州新源热电有限公司管沟基底清理施工"4·11"塌方事故

（一）事故简述

4月11日，山东省滕州市建筑安装工程集团公司在中国华电集团公司滕州新源热电有限公司项目施工过程中，在清理管沟基底时，发生局部塌方，将1名施工人员埋入，沟上的4名施工人员随即跳入沟内救人，此时管沟再次发生塌方，除1名后跳入的施工人员成功逃生外，其余4人死亡。

（二）事故经过

2006年4月10日下午，滕州市建工集团使用挖掘机开始开挖雨水沟管道土方工程，开挖约1h收工。4月11日上午继续开挖。机械开挖的同时，3名民工（女）在沟底进行人工清基工作。11:45左右，雨水沟北侧土方出现塌方，将沟底3人中的1人掩埋，其他2人及时躲避并大声呼救，附近现场4名施工人员跳入沟中进行救人，但马上又出现塌方，将其中3人埋入坍塌的土方中。

（三）事故原因

1. 主要原因

滕州市建工集团在雨水沟开工前，于4月10日，联系监理公司

王××进行雨水沟中心线验线。监理公司王××即联系电厂基建部陈××共同去验线，陈××因在其他标段验收，就说没有时间参加；王××独自进行了验线并在报验单上签字（电厂签字栏空白）。4月10日16:30以后（16:30以前没有开工），滕州市建工集团在没有办理任何开工手续、没有完成中心线验收和坡底、坡口线放线及验收手续、没有制定安全技术措施或作业指导书的情况下，即擅自开工（由西向东开挖），当晚施工约1h后停工，4月11日早开工直至当日11:45左右坍塌事故发生。

2. 直接原因

（1）滕州市建工集团进行雨水沟开挖土方作业时不按照规范要求进行放坡，遇到疏松土层时没有引起注意并采取相应措施，在开挖雨水沟北侧违规堆土过近过高（雨水沟开挖深度达4m，宽度达3.2m，堆土已至雨水沟边沿，高度达3m），是造成雨水沟边坡失稳塌方致人死亡的直接原因。

（2）第一次塌方先造成一人被埋，有4人跳入沟中进行施救，没有意识到仍有塌方危险，再次塌方又造成3人被埋，冒险施救是造成死亡人数扩大的直接原因。事故共造成4人死亡。

（四）暴露问题

（1）对基建现场施工动态监管不到位。滕州市建工集团违章开工、违章施工达半天以上，没有人知道其已开工，没有人知道其违章施工，没有人知道其越界施工。监理公司验收雨水沟开挖中心线时，没有询问其是否已办理开工手续，验收签字后，没有再去跟踪工程进展情况；电厂基建部人员看到挖土，以为是山东电力三公司在施工，没有去现场查看落实，直至事故发生；山东电建三公司对滕州市建工集团在山东电建三公司负责的区域内施工，没有及时发现、制止和报告监理或电厂基建部。

（2）单位工程开工报告管理不严格、不规范。开工报告描述开工范围不明确，现场施工范围是否超越开工报告界定范围看不出来；有的单位工程实际包含多项分部分项工程，各分部分项工程何时开工、是否开工看不出来。开工报告签审不严格，如：山东电建三公司"给水、排水供热管道及照明"开工报告签发时间晚于施工图纸会审时间，且没有单位工程编号；厂区沟道单位工程开工报告应由总监理工程师签字，实际由土建监理签发。多份开工报告的单位工程名称与《单位工程名称和编码》不一致，有的单位工程由多个承建方承建，办理开工报告时使用同一单位工程名称及编号，容易混淆，而在开工报告上并未注明各自界限。

（3）单位工程分解笼统、不明确。各单位工程没有明确承建单位，没有注明哪些单位工程为危险性极大工程，没有监督施工单位制订专项安全施工方案，没有明确此项危险性较大单位工程的负责现场监督管理的专职安全管理人员。

（4）外包工程管理及合同管理不规范。对长期（3 个月以上）的外包队伍没有进行登记管理，没有对二次分包、非法转包情况进行专门、全面的调查掌握，现场施工队伍"资质挂靠"现象较为普遍；外包工程合同签订前，没有履行电厂《经济合同管理标准》中的分承包方资质审查会签单。

（5）安全管理协议针对性差。电厂与各承包单位签订的安全管理协议，虽然各标段的工程特点各不相同，但安全协议内容千篇一律，没有体现工程特点、安全要求和措施，未体现谁是专职安全监督管理人员。

（6）资质审查不规范。安全资质审查只有"承包单位安全资质自查报告"，没有体现出发包方是否对安全资质各项内容进行了审查，以及审查结果，没有体现出谁是审查人和批准人。

（7）安全技术交底笼统不具体，没有针对性；签字不规范，作为应该接受安全技术交底的承包负责人、工程技术人员、安监人员只有部分签字。

（五）防范及整改措施

（1）针对暴露的问题，滕州新源公司应举一反三，按照国家法律、法规和上级有关文件，认真进行整改落实。

（2）滕州新源公司要进一步规范运作安委会，完善基建有关制度，并监督严格执行。

（3）加强各级生产管理人员责任心教育，要求着眼于安全生产的大局，发现不安全因素要坚决予以制止和纠正，绝不能有视而不见、坐视不管的现象发生。近期要结合"安全月"活动，开展安全亮点竞赛和优秀安全项目经理的评比活动。

（4）监理公司认真总结反思本次事故的惨痛教训，正确认识监理的职责和责任，认真总结在监理过程中的失误和不足，以高度负责的态度做好下一步的监理工作。

（5）进一步加强基建现场安全管理工作。基建现场管理人员要明确职责，认真做好现场各项安全技术措施落实监督工作。

三、四川省雅安市宝兴县硗碛水电站工地"4·12"坍塌事故

（一）事故简述

4月12日，中国葛洲坝集团公司在中国华能集团公司四川硗碛水电站调压井施工过程中，井壁岩石发生坍塌，造成6人死亡。

（二）事故经过

2006年4月上旬施工单位按计划开始准备调压竖井的永久性混凝土衬砌施工（滑模施工）。4月6日对混凝土衬砌施工人员进行安全培训、技术交底等工作，4月7日开始调压上室的清理工作，4月10日安排专人进入竖井进行安全检查，确保无异常现象后，4月11日滑模施工作业人员进入竖井开始做滑模施工准备工作。

2006年4月12日7:30，中国葛洲坝水利水电工程集团有限公司硗碛项目部调压井施工人员胡××、康××、张宏×、于××、孙四×、孙建×、张志×一行7人进入竖井底部进行竖井滑模施工前的模体组装及安全平台搭设工作，8:40左右，在没有任何征兆的情况下，竖井井壁突然发生局部崩塌。崩塌体主要为2块宽度和深度均为1.0m左右的楔形体，分布高程分别为2032～2012m和2041～2017m。现场人员除张志×脱困外，其余6人被困作业面，后经抢救无效死亡。

（三）事故原因

调压竖井在2005年12月27日完成开挖，并于2006年1月28日通过各方验收后，因气候原因一直未进行混凝土衬砌施工，4月11日，施工单位开始组织施工人员进入竖井进行混凝土衬砌准备工作，4月12日8:40左右，调压井身发生围岩局部倾倒性崩塌，崩

塌量约 80m³。据调查在井身形成验收后的 3 个多月过程中发生地震，邻近施工段也未进行爆破作业，原形观测各监测点数据稳定，围岩状态稳定。经对事故现场调查及各方资料分析，形成调压井局部崩塌的主要因素为：在高程 2063～1998m 段组成井壁的围岩为新鲜白云石、石英片，除陡倾角的层面裂隙外，尚有走向 N50°～70°E，倾向 SE 倾角 16°～30°的缓倾角裂隙，分布在不同高程，延伸长度 3～5m，上述陡倾层面裂隙与缓倾角结构面将井壁围岩切割成倾向凌空面的潜在楔形体。竖井开挖完工日期是 2005 年 12 月 27 日，验收日期是 2006 年 1 月 28 日，属于枯水期，4 月初，工地出现降雨、降雪，导致原来较低的地下水位迅速升高，造成潜在楔形体岩石力学强度的改变（从事故现场拍摄的照片可明显看出，崩塌的楔形体内侧布满水锈）对井壁产生较大的动水压力，从而导致事故发生。

（四）防范及整改措施

（1）四川水电建设点多面广，加之水电建设基本上都在山沟中，作业环境较差，而且目前已进入汛期，事故多发，安全生产形势严峻。各有关主管部门要加大对水电建设施工现场的监管力度，加大执法检查力度，强化企业的主体责任，同时对重点企业的重点部位、重点人员要重点管理，坚决遏制四川水电建设重特大事故的发生。

（2）建设单位要加强对建设施工过程的协调和管理，施工单位要增加安全管理人员，强化现场安全管理，强化三级教育制度，建立健全培训档案，全面提高作业人员的安全意识和自我保护意识；监理单位要切实履行监理职责，严格按照法律、法规和工程建设强制性标准实施监理工作；勘察设计单位在严格按照法律、法规和工程建设强制性标准进行勘察设计的同时，在设计文件中对防范生产安全事故要提出指导性意见。

（3）施工单位在恢复施工前，必须在保证人身安全的前提下，对调压井竖井井壁进行全面彻底检查，如有松动的危岩要立刻清除，要加强各变形点的观测密度，并据此复核 2063m 高程以上井身的稳定性。雨季即将来临，应加强对地下水的观察，同时结合开挖过程中所揭示的地质条件，加强围岩的收敛观测，特别是地下水对井壁岩石自稳产生的影响，在竖井井壁适当部位布置排水孔，在调压井竖井施工过程中，应加强井壁的经常性观察和巡视，及时清除松动岩石，确保施工安全。

（4）建设单位、施工单位、监理单位和设计单位四方，应对高程 2063m 以下的锚杆支护二方案重新慎重考虑，防止类似事故的再次发生，确保施工安全。

四、四川省阿坝州柳坪水电站首部枢纽工程"5·6"坍塌事故

（一）事故简述

5 月 6 日，中国水利水电建设集团公司第五工程局在四川省阿坝州柳坪水电站施工中，闸坝右岸边坡坍塌，造成 3 人死亡。

（二）事故经过

2006 年 5 月 6 日下午 17:23，王树×等 8 位民工在柳坪水电站首部枢纽工程闸坝上游 6 号导水墙基底清理施工过程中，边坡突然发生坍塌，造成王树×、王旭×、徐××3 名民工被埋，王明×受伤。项目部立即启动了应急救援预案，由项目经理张××亲自指挥进行施救，由治安联防员时×负责现场的秩序维持，疏散人群，确保抢救的有效实施。同时拨打"120"，于当日 19:35 将 3 人陆续从塌方体中救出，经医生现场施救后确认王树×、王旭×、徐××3 人已死亡，受伤人员王明×被送往医院。

（三）事故原因

柳坪电站首部枢纽工程右岸上游导水墙内侧临时边坡为第四系崩坡积块碎石土层，结构较松散，含泥量偏高，受连日降雨和气候的影响，堆积体表层主体软化，导致边坡局部突然坍塌。因此，调查组认定此次事故为意外事故。

（四）防范及整改措施

（1）建议对事故发生段临时便道至房屋的边坡进行加固和排水。

（2）继续加强对临时边坡的安全监测。

（3）事故发生段排除隐患后恢复施工。

（4）对此次事故，水电五局项目部要进行总结，并吸取教训，进一步加深对黑水河地区复杂地质条件的认识，杜绝类似事故再次发生。

（5）进一步加强对所有人员的安全教育，特别是现场安全注意事项等内容的教育，增强作业人员的安全防范意识。

五、河北省西柏坡第二发电厂三期工程"5·17"灼烫事故

（一）事故简述

5 月 17 日，国家电网公司所属河北省电力建设第一工程公司在河北省建设投资公司西柏坡第二发电厂三期工程 5 号机组第二阶段吹管工作过程中，由于消音器端部挡板焊口开裂吹落，致使高温高压蒸汽吹至化学车间试验室和控制室，造成 11 名人员伤亡，其中 7 人死亡，4 人受伤。

（二）事故经过

西柏坡电厂三期工程 5 号、6 号机组主体均进入分部试运阶段，其中 5 号机组即将进入整套启动试运阶段。吹管工作作为 5 号机组整套启动前关键的分系统调试项目。

2006 年 5 月 17 日，按照工程项目进度计划的要求，继续进行第二阶段吹管作业。2:04，第 11 次吹管开始。23:07，第 23 次吹管结束后，吹管临吹阀开 3s，锅炉升温、升压准备进行第 24 次吹管。23:48，当分离器出口压力升至 7.4MPa 时，调试所张万×通知电建一公司项目部总工程师、值长崔××准备吹管。23:50，当分离器出口压力升至 7.6MPa 时，张万×通知西柏坡发电公司运行值长张建×做好吹管上水准备。23:51，当分离器出口压力升至 7.7MPa 时，张万×通知张建×吹管上水。张建×向张万×汇报吹管上水正常，可以打开吹管临吹阀门。23:52，张万×开启吹管临吹阀（临吹阀开启时间 39s）。吹管临吹阀全开后经过大约 20s 时听到吹管声音有异常，张万×立即关闭吹管临吹阀、切断汽源，并通知张建×减少锅炉燃料量。调试所西电项目部经理张文×通知电建一公司运行人员立即到现场查看情况。此时有人报告发现化学车间有人烫伤，张文×下令灭火，停止吹管工作。

整个吹管作业主控制室共有 37 人（监理公司 2 人、调试所 7 人、电建一公司 4 人、西柏坡第二发电公司 24 人），另外，主控室外面有电建一公司值班人员 2 人，负责消音器外围警戒任务。化学

水控制室内共 13 人（西柏坡发电公司 8 人、调试所 2 人、电建一公司 3 人），负责吹管期间的水质检验和炉水供应任务。

事故发生时，消音器管道堵板角焊缝开裂，堵板飞出，高温蒸汽直接吹向正前方约 15.5m 的化学水控制室，将在控制室内正常工作的 11 名试运人员灼烫伤（西柏坡电力公司的两名人员外出取样，未受到伤害）。

事故发生后，事故单位迅速将伤员送往医院抢救，11 位伤员中，魏××、张艳×、张硕×虽经全力抢救，终因伤势过重，于 18 日凌晨死亡；苏××于 18 日 22:29 医治无效死亡；刘×于 24 日 14:45 医治无效死亡；娄××于 6 月 9 日 7:20 医治无效死亡；马×于 6 月 16 日 13:42 医治无效死亡。

（三）事故原因

1. 直接原因

（1）消音器存在严重缺陷。

1）消音器堵板设计为平板，且平板与筒体角焊缝设计为非焊透结构，设计不合理。

2）角焊缝的高度偏小，不符合标准要求。

3）角焊缝存在着严重的未熔合、未焊透等缺陷。

消音器在长期使用中，由于热疲劳应力的反复作用，致使角焊缝缺陷处产生裂纹源，在运行中裂纹源逐渐扩展为裂纹，裂纹扩展到极限长度，角焊缝瞬间发生断裂，堵板脱开并被蒸汽吹走，致使高温蒸汽直吹出去，灼烫造成人员伤亡事故。故堵板与筒体角焊缝设计不合理、制造工艺不符合有关标准要求是事故的主要原因。

（2）消音器采购、入场和安装检查均未及时发现存在的隐患。

电力行业内部标准《火电工程调整试运质量检验及评定标准》分系统调试蒸汽冲管部分对消音器的检查方法仅作了"现场观察"的要求。采购人员在租赁消音器时做了外观检查，运至现场后，做了入场验收，消音器安装后，对 5 号机组锅炉蒸汽吹扫临时管道安装项目进行了检查签证，但检查工作不细致，都未能发现消音器存在严重缺陷的迹象。致使消音器最终不能承受蒸汽冲管时的正常工作压力而发生事故。

2. 设备事故造成人员伤亡的原因

（1）《蒸汽吹管调试措施》消音器有关的安全措施深度不够，不具体、不完善，缺乏针对性。

河北省电力建设调整试验所编制的《西柏坡电厂三期工程 5 号机组蒸汽吹管调试措施》有"环境和职业安全健康管理"专章，要求"排气口应加装消音器，气流应避开建筑物及设备，并设警戒线，设专人监护"，但措施深度不够，未明确具体安装地点（事故现场可见，消音器轴线与化学水化验室走廊中心线基本处于一条直线上），未明确具体距离，尤其是未明确消音器周围的警戒范围，措施可操作性差。消音器尚未运抵施工现场，《蒸汽吹管调试措施》业已签署生效，措施缺乏针对性，也未见相应的补充措施。

（2）会审《蒸汽吹管调试措施》，与消音器有关的安全措施的施工、监理、建设、生产单位未发现措施存在的漏洞，未提出改正意见。

3. 管理原因

（1）设备和技术管理不到位。对非定型的设备机具，国家或行业尚未制定专门的质量评定标准。如消音器仅见行业标准有笼统的"现场观察"四个字的要求，企业未根据措施和设备的重要程度及危险程度自行制定较为详细的质量检验及评定标准，使设备管理不全面、不到位。在技术管理上，虽有较为系统的严格的程序规定，如《西柏坡电厂三期工程试运措施审批程序》，执行较好，但也存在审批不细、签署不规范的问题。

（2）现场检查监督、监理不到位。建设、监理、施工等单位没有发现消音器有关的安全措施存在的漏洞。施工、生产单位在同一区域进行生产经营活动，未能全面辨识危险源，未能检查出现场存在全部事故隐患，因而采取的措施未能防止人身事故的发生。

（3）安全意识不到位。施工、监理、建设、生产等单位虽进行了较为系统的安全教育工作，但还不能做到深入人心。有关人员安全意识不到位，尤其是有的基层作业人员缺乏安全意识，对存在的危险因素认识不足，思想麻痹，忽视防范措施，不能正确判断、应对、处理施工过程中的各种问题，不能采取有效的安全防范措施。

（四）防范及整改措施

（1）按照河北省安委办《关于认真吸取西柏坡电厂事故教训 切实加强安全生产工作的紧急通知》（冀安办传〔2006〕25 号）精神，立即开展对易燃、易爆、剧毒品、油库、锅炉、压力容器、压力管道、变电站、高炉、人员密集场所等重点部位的安全隐患排查治理工作，对查出的问题要制定有效措施，迅速落实整改。

（2）加强在建项目的全过程安全监督检查。对不具备安全生产条件，不落实安全生产责任，没有按要求落实安全防范措施的生产经营单位，不允许开工建设。对在建项目要定期组织各类专项检查，重点检查安全生产各项制度是否落实、安全组织是否健全、安全技术措施是否到位、人员行为是否规范、设备设施是否安全等，对发现的问题要及时整改，确保工程项目安全投产。

（3）加强非标构件管理，强化对租赁、进场、安装、验收、使用等各个环节检查。对用于高温高压的工具材料及部件，要严格按照国家有关标准构件的检查与验收标准程序进行。特别要加强租赁设备的管理，重点对租赁合同、安全状况、保护装置、资质证书、检验证书等方面进行检查，以保证本质安全。

（4）加强对具有潜在风险的施工方案、措施的审查。重点从是否进行了危险源辨识、是否对危险源可能带来的风险进行评价，是否编制了专项应急预案等方面进行审核。并根据现场暴露出的安全隐患，及时组织制定各类专项检查办法。

（5）加强现场调试工作的安全管理。严格执行《电力安全工作规程》、《电力建设安全工作规程》，完善有关安全管理制度，补充完善对危险点的分析及对策，认真检查各项调试方案，调试措施的编制、审核、批准及落实等工作程序的执行情况，对发现的问题限期纠正和整改。对不具备调试条件的，坚决不能启动调试工作。

（6）完善蒸汽吹管调试措施，特别要对消音器的布置位置，消音器的材质、结构、焊接工艺等安全可靠性提出具体要求。

在蒸汽吹管调试过程中，要制定可靠的安全措施，防止蒸汽泄漏对周围人员、建筑、设备设施造成损害。

（7）要全面落实安全生产责任制，建设、设计、施工、监理及其他与建设工程安全生产有关的单位，必须遵守安全生产法律法规的规定，严格履行安全生产职责，保证工程建设安全。

六、四川省阿坝州理县古城水电站"5·30"隧洞坍塌事故

5 月 30 日，中铁二十一局集团三公司在中国华电集团公司杂谷脑水电开发有限责任公司四川阿坝州理县古城水电站施工过程中，引水隧洞顶拱发生坍塌，造成 3 人死亡、3 人受伤的重大事故。

七、贵州省天柱县白市水电站"6·28"起重机倾翻事故

（一）事故简述

6 月 28 日，中国水利水电建设集团公司第三工程局在中国电力投资集团公司湖南五陵有限责任公司贵州省白市水电站施工过程中，布置在电站大坝消力池的门机倾覆，造成 5 人死亡，1 人受伤。

（二）事故经过

6 月 28 日上午，位于白市水电站右消力池的 MQ600 门机负责 3 号机（11—6）扩散段顶板浇筑任务，入仓砼罐为 6m³ 卧式砼罐，浇筑前仓号内指挥人员首先对起吊大钩进行了 28m 内回转半径的确定，然后进行浇筑。上午约浇筑 100m³ 砼，中午 12:00，因 3 号机吊装压力钢管受场地限制，MQ600 门机暂停作业，14:10 许，MQ600 门机复工开始浇筑，第一罐完成 2m³ 砂浆起吊任务，14:30，门机未向前行走就回转到受料点，受料后按吊砂浆的位置起吊了第二罐砼，在砼罐起升至距离地面 8～9m 时，门机突然发生前倾，迅速向起重物方向倾翻。事故造成两名门机司机 1 人在操作室中死亡，另 1 人失踪；门机附近施工现场作业人员，1 人被倾翻门机压倒当场死亡，另有 3 名作业人员被倾翻门机撞伤。

（三）事故原因

1. 直接原因

门机起重超载，安全保护装置失效，导致门机起重作业过程中，

突然发生前倾，迅速向起重物方向倾翻。

2. 间接原因

（1）施工局对起重类特种设备的使用，安全把关不严，设备存在重大事故隐患，安全保障措施不力。

（2）施工单位面临工期紧、任务重，违规使用存在重大事故隐患的起重设备，存在重生产、轻安全的倾向。

（3）施工单位安全管理体制不健全，安全生产责任落实不到位，安全检查制度执行不力。

（4）特种设备检验检测机构监督检验把关不严。

（5）监理单位对工程施工大型起重设备安装和使用专项方案安全技术措施把关不力，日常工程施工安全监理不到位。

（四）防范及整改措施

（1）施工单位要切实吸取事故教训，贯彻国家安全生产法律法规，加强企业安全生产管理体系建设，严肃执行要求，层层落实安全生产责任制。

（2）施工单位要严格遵守安全操作规程和规章制度，严格大型起重设备使用安全管理，加强职工安全生产培训教育，认真检查，及时整改，消除隐患。

（3）特种设备检验检测机构要严肃、认真、科学和负责地开展特种设备检验检测工作，严格法定程序，严把特种设备法定检验检测安全关。

（4）建设工程监理单位，加强建设工程专项安全技术措施和日常安全施工监理，认真履行建设工程监理安全责任。

（5）工程建设要合理把握工期，克服盲目要求非科学的高建设速度而影响安全生产。

八、云南省戈兰滩水电站拌和站营地"7·2"边坡坍塌事故

7月2日，中国水利水电建设集团公司第十一工程局在云南省戈兰滩水电站施工中，项目部拌和站营地后边坡发生滑坡坍塌，造成3人死亡。

九、中国大唐集团公司金竹山电厂扩建工程"7·4"龙门吊倒塌事故

（一）事故简述

7月4日，国家电网公司所属湖南省火电建设公司在中国大唐集团公司金竹山电厂扩建工程中，在拆卸一台60t龙门吊的准备阶段时，龙门吊倒塌，造成7人死亡、9人受伤。

（二）事故经过

根据火电公司生产任务安排，金竹山电厂扩建工程安装任务已完成，大型机具需做好转往其他工地的准备。火电公司机运处驻金电项目部机运分处根据近期工作计划，着手锅炉组合场60t龙门吊的拆除及转运至其他工地的准备工作。

2006年7月4日，起重班长孔××和钳工班长吴××分别对起重和维修作业人员进行了工作安排，后带人进入现场开始工作。16:00左右进场进行拆卸的准备工作，尔后，起重班人员开始拆卸起重机构部件，到18:00已拆除主钩、副钩（电动葫芦）。

晚饭后，作业人员于18:40左右开始加班，做门吊拆除的准备。

现场由机运处副主任、驻项目部现场负责人杨×负责指挥，专职安全员李××负责安全监管，孔××负责起重班作业，吴××负责钳工班作业。首先吊下主钩小车，然后分别进行缆风绳布置、履带吊吊点道木绑扎、电缆拆除。其间，杨×于18:45左右离开现场，去安排20t汽车吊装车工作及联系晚上可能要进行的锅炉酸洗设备装车事项（19:20左右返回）。当时吴××在未与地面人员取得联系的情况下，带领钳工潘××、阳××等人进行刚性腿螺丝和柔性腿销轴的拆除工作（在没有办理工作票并进行安全确认的情况下，这一步不能做），但下边正在进行门吊拆除准备工作的人员不知道螺丝拆除的进度情况如何，现场指挥和监督人员也未及时发现或制止其违反作业程序作业的极端危险行为。19:50左右，在缆风绳正在布置、两台吊机未挂钩的情况下，60t龙门吊突然向刚性腿侧倾倒坍塌，在门吊上作业的16人随之坠落，分别不同程度地受到伤害。其中，6人当场死亡、1人经医院抢救无效死亡，其余9人受伤。

（三）事故原因

1. 直接原因

根据技术鉴定和调查，导致此次事故发生的直接原因是当班工人违章作业。按照工作安排和安全技术交底的要求，事故当班的任务是做拆卸门吊的准备工作，不应当将刚性腿连接螺栓全部拆除，也不能拆除柔性腿销轴，但当班的有关作业人员没有按照作业指导书的规定施工，提前拆除了门吊主梁与刚性腿连接螺栓，导致整机失稳、支腿偏斜而坍塌。

2. 间接原因

（1）现场安全监管不到位。拆除连接螺栓是门吊拆除过程中非常重要的环节，必须在准备阶段完成后，办理好工作票才能正式实施，但现场作业人员未按规定程序作业，与缆风绳布置、履带吊吊点道木绑扎、电缆拆除等多项工作同时进行，且现场安全监督管理人员没有及时发现和制止作业人员没有按照作业指导书的规定施工的违规行为，未能督促严格执行有关安全技术规程和安全管理制度以及时消除安全隐患。

（2）对多工种岗位同时交叉作业的安全生产工作，现场统一指挥与协调不到位。现场指挥人员对多岗位多工种交叉作业没有严格按照作业指导书和安全交底的要求督促执行到位，未能及时发现和制止钳工作业班组违反作业程序作业的极端危险行为。

（3）对机运处所开展的门吊拆除准备工作的安全生产工作，项目部应履行的统一协调与管理职责不到位。

（4）现场作业人员安全意识和自我保护意识不够强，没有切实坚持"三不伤害"原则严格监督周边操作人员按照安全技术交底的要求进行作业。

（5）在金竹山发电厂扩建工程两台机组的安装与调试任务全部完成、168 试运行也即将结束的时候，火电公司驻金电扩建项目部的部分员工产生了松劲情绪，在安全工作上不能像施工高峰期那样严格要求，是事故发生的思想根源。

（6）当天天气炎热，锅炉组合场气温更高。人的心情烦闷，人的安全防护能力降低，也是导致事故发生的客观原因。

3．主要原因

现场作业人员没有按照作业指导书的规定而违章作业、现场安全监管人员没有及时发现和制止违章作业行为对事故的发生起主导作用，是此次事故的主要原因。

（四）防范及整改措施

（1）加强员工遵章守纪意识，克服松懈和麻痹思想，加强现场安全监督检查，加大员工安全技术培训力度，提高员工的整体素质。

（2）要求在每项工作中，班、队、科各级人员必须认真监督执行安全技术措施的落实，避免违章作业、违章指挥的现象的发生。对安全技术措施落实不到位的工序，不准进行下道工序的作业。作业前安全技术措施交底要清楚，各级监督人员责任要明确，任何人都不准随意更改作业指导书规定的作业顺序。

（3）湖南火电金电项目部各施工队全面停工整顿，组织学习有关安全知识和相关的安全管理法律法规，举一反三，将"7·4"事故情况与本专业施工具体情况结合起来，查找存在的问题，并及时进行整改。

（4）各项目部应立即组织进行安全检查，对存在的问题和可能导致事故的隐患及时监督整改。

（5）公司各项目部，要加大对违章作业行为的查处力度。现场监管人员发现人的不安全行为和发现物的不安全状态不制止，责任部门和监督部门应一同处理。

（6）各项目部科、队、班各级专（兼）职安全员，要加大对施工现场的监督检查力度，检查安全防护设施是否布置合理，施工作业人员个体防护用品、用具是否正确佩戴，安全技术措施是否落实，人的不安全因素和物的不安全状态是否消除。对违章者要严肃认真查处。

（7）各项目部，队、班组必须坚持班前会制度，总结前一天的安全生产情况，指出当天工作存在的危险点和危险源，并采取积极有效的防范措施。

（8）各项目部在各项工作开工前，要组织员工做好危险因素的辨识和制定防范措施，经审定后的作业指导书必须坚决执行，不得以任何借口随意更改作业顺序。

（9）要求各施工项目要摆正安全与进度、安全与效益的关系，不得以牺牲安全为代价去抢进度。

十、湖北省十堰市房县三里坪水利枢纽工程"10·7"滑坡坍塌事故

（一）事故简述

10 月 7 日，中国水利水电建设集团公司第十五工程局在湖北十堰市房县三里坪水利枢纽工程中，左坝肩发生滑坡坍塌，造成 6 人死亡。

（二）事故经过

10 月 7 日 14:00，8 名施工人员在进入作业区途中，路过经拓宽的小路时，上部一松散岩体（约 200m² 左右）突然崩落，造成 6 人死亡，1 人受伤。

（三）事故原因

（1）地质构造复杂。岸坡岩石发育多组裂隙，相互切割，易形成不稳定或潜在不稳定岩体。此次灾害体就是由 NNW-NE 组裂隙在三面临空条件下切割形成的一个不稳定斜坡体。

（2）降雨诱发。9 月 28 日至 9 月 30 日三天连续降雨，雨水入渗沿结构面运移，润滑、软化结构面充填物，降低结构面抗剪能力。

（3）人类工程活动，灾害体原本为两侧凌空，大坝开挖后前缘崩塌体外凌空，破坏了边坡的稳定性，同时大坝开挖爆破施工也影响了边坡的稳定性。

（四）防范及整改措施

（1）责令三里坪电站施工现场暂时停工整顿，要求业主单位尽快完善项目的各项手续，在没有完成之前，不得擅自复工。

（2）对现场存在的安全隐患的排查和整改工作，由业主牵头，勘察、设计、施工、监理参加，成立专门班子，对工程区的地质灾害和安全隐患开展拉网式大排查，对查出的重大安全隐患要制订出切实可行的整改方案，报水利主管部门审查后，组织落实，没有整改到位前不得擅自复工。

（3）三里坪电站各参建单位要认真吸取事故教训，牢固树立"安全第一、预防为主、综合治理"的方针，全面履行安全生产责任，认真落实安全生产主体责任制，严格按照国家的法律法规和标准履行各自的职责。同时，要密切配合，加强沟通和交流。勘察设计单位要对自己出具的勘察设计资料负责，施工单位对工程施工现场的安全负责，严格按照设计图纸和施工技术标准组织施工，要建立健全安全生产保障体系，加强施工现场的安全管理，对重点区域指定专人监测，认真落实安全防范措施，加强对从业人员的安全培训，杜绝违章指挥、违章操作、违反劳动纪律的事情发生；监理单位必须按照监理规范规定程序和内容，履行监理义务，不得违章指挥；建设单位不得对勘察、设计、施工、监理等单位提出不符合建设工程安全法律法规和强制标准规定的要求，要及时为施工单位提供合法有效的施工图纸，不得擅自修改设计和压缩合同约定工期。

（4）为了认真吸取事故教训，举一反三，各地要认真按照市政府办公室《关于进一步加强在建工程安全生产工作的紧急通知》（十政办电〔2006〕18号）的要求，组织对全市在建的工程项目进行一次全面的安全生产大检查，对查出的隐患和问题要求业主单位及时整改，整改不到位的，责令其停业整顿。

十一、中国华能集团公司德州电厂二期3号机组"10·18"坍塌事故

10月18日，清华同方环境有限责任公司在中国华能集团公司德州电厂二期3号机组脱硫装置试运行过程中，旁路门突然关闭，导致烟气阻塞，烟道压力增高，烟道脱硫系统烟气入口挡板对面侧墙向外侧倒塌，坍塌物将其下方脱硫现场临时工作间砸塌，致使工作间内7人被埋，其中4人经抢救无效死亡。

十二、湖南省铜湾水电站"11·3"起重机倒塌事故

（一）事故简述

11月3日，中国水利水电建设集团公司第九工程局的分包单位湖南省郴州市水电建设公司在湖南省铜湾水电站进行预制梁桅杆起重移动作业时，桅杆起重机倒塌，事故造成 4 人死亡，1 人轻伤。

（二）事故经过

2006 年 7 月 8 日，专业分包单位郴州市水电建设公司（以下简称郴州公司）正式进入工地，开始闸坝段桥梁预制件制作同时进行地锚埋设。9 月 19 日至 25 日完成回转桅杆起重机（以下简称起重机）的安装检测调试工作。10 月 10 日经监理、九局铜湾项目部和业主验收合格。吊装施工现场由吊装班长刘××任总指挥。10 月 12 日至 18 日，完成 5 号、6 号闸孔桥梁吊装。

10 月 19 至 23 日将起重机移至 4 号闸墩处，26 日完成定位调试工作，10 月 27 日至 11 月 2 日 9:00，完成 3 号、4 号闸孔桥梁吊装，11 月 2 日 15:30 开始将起重机准备移至 2 号闸墩处定位，用于吊装 1 号、2 号闸孔的桥梁。11 月 3 日下午，刘××指挥 8 名卷扬机操作工将该起重机向右岸 2 号闸墩处移动。17:17，起重机在移至 2 号闸墩 2m 左右时，起重机底座移动过多，导致主杆后仰。刘××立即向操作 15 号缆风绳卷扬机的李××发出收紧命令。李××说："突然断电，无法启动卷扬机。"（事后经过现场勘察，发现该电缆线在 1 号闸孔溢流坝上的一处被物体砸断一股，故出现断电）。由于起重机移动时副杆缆风绳处于松弛状态，重心失稳，开始向大坝下游左岸方向偏转倾斜，首先将 15 号缆风绳拉断，尔后 14 号、12 号、10 号缆风绳相继依次被拉断，设在 3 号闸墩上和设在下游 2 根用于保持副杆平衡的缆风绳也相继被拉断，起重机整体向下游左岸倾塌。拉断的缆风绳分别横扫击中在 3 号孔桥上焊接防护栏杆的赵××和姚××、在 2 号闸墩进行外观修补的胡××、在 3 号闸墩上安装作业的蔡××和在 4 号孔桥上清理场面的彭××，最终导致赵××、姚××、胡××、蔡××死亡，彭××受伤。

（三）事故原因

1. 直接原因

（1）起重机在由 4 号闸墩移至距 2 号闸墩约 2m 左右时，指挥操作欠协调，底座向前移动过多，导致主杆后仰，重心失稳。

（2）起重机在 C 点的缆风绳布置欠合理，受力不均匀。

（3）电源电缆被高处坠落物体砸断突然断电而使 15 号缆风绳卷扬机无法启动，导致对已发生后仰的起重机不能及时复位，使副杆向大坝下游左岸旋转，整个起重机向下游左岸倾塌。

2. 间接原因

（1）郴州市水电建设公司：

1）郴州公司作为大坝桥梁预制件制作和吊装的专业分包单位，向九局铜湾项目部提交的《一期工程闸坝段交通梁吊装方案》（以下简称"《方案》"）和《回转桅杆起重机吊装施工安全操作规程》（以下简称"《规程》"）存在缺陷，其中没有起重机移位的具体施工方案和安全操作规程。

2）安全意识不够强，施工现场安全管理欠严格。一是起重机移位的安全措施欠到位，由 4 号墩向 2 号墩移位速度较快，指挥和操作欠协调。二是安全检查欠落实，没有及时发现和排除电缆被砸断等安全隐患。

3）部分特种作业人员无特种作业操作证书上岗作业。

（2）水电九局铜湾项目部：

1）对郴州公司提交的《方案》和《规程》存在的缺陷审查欠细、把关欠严、存在疏忽。

2）在起重机移位时施工现场安全监管欠严格，对缆风绳覆盖范围内的其他施工人员存在的安全问题认识不足。

3）安全检查欠仔细，没有及时发现和排除安全隐患。

（3）湖南水利水电监理承包总公司铜湾电站工程监理部：

1）对九局铜湾项目部提出的《方案》和《规程》存在的缺陷，审查欠仔细，工作有疏忽。

2）施工现场的安全监理监管力度不够。

十三、贵州省中水能源发展有限公司双河口水电站"11·16"工地施工车辆交通事故

11 月 16 日 1:00 左右，中国水利水电建设集团公司第三工程局在贵州省中水能源发展有限公司双河口水电站施工过程中，施工单

位砂石运输车在料场斜坡段行驶时，汽车刹车和方向失控撞向路边两间工棚，致使工棚中熟睡的民工 6 人死亡、8 人受伤。

十四、中国大唐集团公司甘谷电厂扩建工程"12·27"塔吊上部结构坍塌事故

12 月 27 日，甘肃省第一建筑有限公司在中国大唐集团公司甘谷电厂扩建工程进行塔吊安装过程中，塔身连接部位断裂，造成塔机上部结构坍塌，将在塔机平台上进行安装作业的 10 人摔下，造成 3 人死亡、3 人受伤。事故的直接原因为塔吊未定期检修，长期疲劳使用而造成坍塌。

2007 年

一、内蒙古托克托工业园自备热电厂项目"1·7"起火事故

（一）事故简述

1 月 7 日，国家电网公司天津电力建设公司的分包单位江苏省江都市建设有限公司在内蒙古托克托工业园自备热电厂（2 台 300MW 机组）项目烟囱施工过程中，因对保暖火炉管理不善，炉火引燃烟囱保温防冻材料，致使在烟囱 25.7m 处的施工人员向地面撤离过程中 5 人死亡、2 人烧伤。

（二）事故经过

2007 年 1 月 7 日 13:20 左右，天津电力建设公司承建的呼和浩特国能电力有限责任公司 2×300MW 机组项目烟囱施工过程中，烟囱施工高度 25.7m 处，发现烟囱外部保温防冻措施的"三防被"起火，施工负责人组织现场扑救，在用手提式灭火器扑救无效的情况下，紧急报告呼市消防支队驻托克托电厂的消防中队出警救火。但由于风力及火势较大，扑救不及，大火将烟囱外部的"三防被"及脚手板烧毁。在烟囱 25.7m 处的施工人员在向地面撤离过程中，由于火势及浓烟的影响，有 2 人未能及时撤离而被烧伤致死，1 人在撤离过程中跳下摔伤，抢救无效死亡，2 人经抢救无效于 1 月 8 日上午死亡，另有 2 人受伤。

（三）事故原因

经过调查询问和现场勘察，认定这起火灾是因为烟囱施工保暖使用火炉管理不善、炉火掉在烟囱西南侧的棉帘上，引燃棉帘造成的。

由于烟囱施工采用易燃材料保温，且上下贯通，产生烟囱效应。发生火灾时，火势蔓延迅速、燃烧快，并伴有大量有毒气体。据调查了解，施工方案存在严重问题，此项工程建设，属于高空作业，方案中没有考虑到一旦发生火灾事故时，如何逃生自救的问题。只设立一部施工楼梯，而且设在下风向的位置，没有设立第二逃生通道。致使发生火灾后施工楼梯被烧毁，施工人员难以逃生。

（四）防范及整改措施

（1）依法行事是各企事业单位都应遵循的准则。不论是新建、

改建和扩建项目，都要及时报送消防机构审核、验收，经审查合格后方可施工或竣工后投入使用。否则，就是违法行为，就有可能留下先天性火灾隐患。各企事业单位无论是生产还是经营，都要依法建立健全各项规章制度，在安全管理工作方面不能够存在任何侥幸心理，否则就会给火灾事故埋下祸根。

（2）任何时候、任何单位都要坚持以人为本，特别是在生产和经营过程中，要把人身安全放在首位。单位要落实逐级负责制，要建立有效的安全防范措施，对各种安全隐患要防微杜渐，任何麻痹大意都有可能造成严重后果。

（3）加强消防安全教育，加强各级人员消防知识培训，努力增强社会全员的消防安全意识，仍然是当前和今后的一个非常繁重的任务。只有每个人的消防安全意识提高了，消防责任感增强了，才能使各项制度和措施落到实处，才能最大限度减少火灾事故的发生。

二、四川省石棉县金窝水电站"1·12"中毒事故

（一）事故简述

1 月 12 日，中国水利水电建设集团公司第五工程局的分包单位温州通业建设工程公司在四川石棉县金窝水电站进行压力管道上斜段导洞掌子面施工时，因爆破产生的一氧化碳等有毒气体溢出，导致掌子面作业人员中毒，造成 3 人死亡、4 人受伤事故。

（二）事故经过

2007 年 1 月 12 日 12:10，温州公司作业人员在上斜段作业中继续实施底部爆破作业，13:30，现场负责人周××带领 4 名作业人员到斜井口观察，发现没有炮烟后，周××安排李××出洞打电话问中平段有没有渣出来，然后自己往井底作业面走了 4m 左右后说："下面没有烟子了，你们下来，顺便把炮杆拿下来捅一下看通没有。"随后方××、李×就拿着炮杆下去了。约过 2min，在平台上抽烟的郭××听到周××说"通了、通了"，紧接着又听到下面喊："老周不行了，赶快下来帮忙。"郭××听到呼救后急忙下到作业面，背起已昏迷的周××往上爬，刚爬了几步，方××、李×就说自己不行了，郭××就让他们先上去，自己背着周××爬到第三格时，方、李二

人先后从上面滚了下来，这时邬××自己也感到头痛且全身无力，于是放下周××独自一人往洞外爬，爬出斜井口时，由于刚好是吃饭时间，平洞无人，邬××就踉踉跄跄出洞求救。

接到事故报告后，温州公司及水电五局田湾核电站施工局立即组织施工现场作业人员下井施救。14:16 至 15:17，周××等 3 人先后被抢救出洞，周××已死亡，李×、方××经抢救无效死亡。在施救过程中，另有 4 人中毒受伤。

（三）事故原因

1. 直接原因

金窝水电站压力管道上斜段导洞掌子面实施倒漏斗方式爆破产生的 CO 等有毒有害气体上溢到掌子面，导致在掌子面作业的人员中毒，是本次事故的直接原因。

2. 间接原因

（1）温州公司金窝水电站施工现场安全管理混乱，无项目经理、无安全生产管理机构、无专兼职安全生产管理人员，公司总部从未派人到现场检查工作；规章制度不健全，无安全生产责任制等安全生产规章制度和安全操作规程；作业人员未经安全教育和培训，安全知识贫乏，安全意识淡薄；在上斜段导洞开挖工程施工中，未按照《压力管道上斜段自上而下导洞开挖施工方案》（以下简称"《施工方案》"）设置高压风水混合器、备用氧气、对讲机，未检测洞内有害气体浓度，尤其严重的是事故发生当日，在上斜段导洞掌子面作业中，根本未进行通风。

（2）四川二滩国际工程咨询有限责任公司（以下简称"二滩监理公司"）未充分履行监理职责，对温州公司在金窝水电站上斜段导洞开挖工程施工中存在的违章行为没有及时制止，只是口头提出整改要求，而没有下达书面整改通知，也没有向当地水利、安监等部门报告。

（3）水电五局作为总承包单位，将部分项目非法分包给不具备水电建设施工资质的协作单位温州公司且"以包代管"，对该公司未履行安全生产法定职责，施工现场安全管理混乱等问题未予以纠正；对温州公司在施工中违反《施工方案》诸多严重违章行为，尤其是对温州公司在不通风的情况下进行施工作业现象没有及时发现并督促其整改。

（四）防范及整改措施

（1）四川川投田湾河开发有限责任公司要举一反三，按照省政府安委会《关于开展水电建设施工安全生产专项整治工作的通知》立即组织参建各方对其开发建设的水电站进行一次拉网式的安全隐患排查，对正在进行施工的地下工程进行全面检查，尤其是通风系统，凡通风效果未经校核，风速、风量不符合规定的，必须立即停止施工并限期整改。

（2）水电五局要严格按照法律法规的规定规范承包活动，不得将承包的项目分包给不具备安全生产条件的单位或个人。要切实加强对协作单位的管理，不能"以包代管"。要加大对协作单位遵守国家有关安全生产法律法规和施工现场的安全监督检查力度，对协作单位在施工现场的违章行为必须坚决予以制止。要认真吸取此次事故教训，编制的《施工方案》必须符合相关法律、法规的规定，不得凭经验办事，从源头上为安全生产提供保障。

（3）温州公司必须加强资质和挂靠单位的管理，坚决杜绝"出让资质、挂靠收费、不予管理"行为。要建立安全生产管理机构，落实安全生产管理人员，建立健全安全生产责任制、应急救援预案及安全技术操作规程等规章制度。加强对作业人员的安全教育和培训，建立安全教育培训档案，特种作业人员要做到持证上岗。在施工中要配备安全设施，落实安全保障措施，杜绝违章指挥、违章作业。

（4）二滩监理公司要充分履行监理职责，在监理过程中认真把关，在审批施工方案时不得凭经验办事，要完善有关报批程序和要求，对施工现场的违规行为要坚决予以制止，直至下达书面停工通知书，对下达停工通知书仍不停止施工的要及时向政府主管部门报告。

（5）雅安水电建设任务重，点多面广，加之水电建设自然条件恶劣，作业环境较差，水电事故多发，安全生产形势严峻。水电建设行政主管部门和安全生产监督管理部门要认真履行职责，切实加强施工现场安全监管，消除安全隐患，确保水电建设安全生产。

三、四川省凉山州锦屏水电站"1·17"水库左岸平台施工排架垮塌事故

（一）事故简述

1 月 17 日，四川省成都水电建设工程有限公司在四川凉山州锦屏水电站进行水库左岸平台施工时，因施工区外约 3000m 高程的滚石砸中下方排架和堆码碴体，导致部分排架和与排架连接在一起的马道垮塌，造成 4 人死亡。

（二）事故经过

2007 年 1 月 17 日下午，承担雅砻江锦屏一级水电站左岸边坡支护工程施工的成都水电建设工程有限公司，其劳务协作队伍之一重庆市福茂建筑工程有限公司施工人员在Ⅰ区 1990m 高程马道清理石碴时，按施工程序将清理的石碴装袋后临时存放在与该高程马道相连的弃渣平台上，为避免白班交叉作业的干扰，施工人员准备在夜班利用滑道将石碴转运至 1960m 高程缆机平台后运出。18:30 左右，重庆市福茂建筑工程有限公司砼浇筑人员下班后，从Ⅲ区作业面沿 1990m 马道（人行通道）至Ⅰ区返回施工区上游侧营地。当行进至事故地点（Ⅰ区 1990m 高程马道石碴堆存处，桩号 0+19—0+27）时，从施工区外 2500～3000m 高程（经实地观测，并将滚石与岩体比对后认定）的重约 100kg 的一块滚石突然脱落，越过按要求设置在 2130m 高程的长约 313m、高 4m 的永久被动防护网（镀锌钢丝网），直接砸向（经对事发现场的勘查，左岸边坡 1990m 高程至 2500m 高程无滚石痕迹）位于 1990m 高程排架及马道清理出的堆码碴体，致使部分排架和与排架连接在一起的马道垮塌，下班途经马道处的 5 人坠落至边坡约 1980m 处，其中 4 人被石碴、垮塌的排架掩埋于已支护的边坡之上（坡面上已分布了锚墩、框格砼等），造成 4 人死亡。

（三）事故原因

1. 直接原因

一块位于左岸边坡施工区外 2500～3000m 高程（经实地观测，并将滚石与岩体比对后认定）的重约 100kg 的滚石发生突然脱落，越过设置在 2130m 高程的被动防护网（长 313m、高 4m，镀锌钢丝

网），直接砸向（经对事发现场的勘查，左岸边坡 1990m 高程至 2500m，高程无滚石痕迹）位于 1990m 高程排架，致使部分排架和与排架连接在一起的马道垮塌，下班途经马道的 5 人全部坠落，其中 1 人因抓住边坡支护的支杆而获救，另 4 人被马道清理出的堆码碴体掩埋，经抢救无效死亡，这是造成此次重大伤亡事故的直接原因。

2. 间接原因

成都水电建设工程有限公司未制定人员通过危险区域的规定，未在弃渣平台上设置承重标志，对可能发生落石的危险区域未设置提醒过往施工人员注意安全的警示标志，是造成此次事故发生的间接原因。

（四）防范及整改措施

（1）要加强对施工区外易发生落石的地段进行观察和监控，充分利用各种手段消除施工区上方直至山脊的危崖，在条件允许的条件下，应尽量避免交叉、重叠施工作业，认真做好隐患排查管理，对发现的隐患及时治理；同时，要进一步加强上述作业条件下的指挥、协调工作。

（2）要进一步加强施工现场的安全管理，加强对施工建设安全的监督检查，切实履行监督管理职责，尤其要采取切实有效的手段，加强对左岸边坡施工现场的监控，特别对浮石的排除、排架的支护、堆料平台的承重、施工用电等进行全面安全大检查，及时排查治理各类隐患，防止类似事故重复发生，确保建设施工安全。

（3）要严格按照《中华人民共和国安全生产法》、《四川省安全生产条例》、《建筑施工安全管理条例》等的相关规定，加强对工程施工人员的安全教育培训，尤其要加强爆破作业前后、上下班、材料输送等情况下，人员进出危险区域的专项安全培训教育，提高全员安全防范意识。要认真落实班前班后的安全教育，加强作业过程中安全管理督促检查，增强作业人员的安全意识和躲避危险的能力。

（4）要加强安全巡查，增设人工观察哨，随时注意观察危崖的滑落现象，扩大预警预报范围，提醒施工人员，防止人员伤亡，确保安全。坚持开展安全大检查，每班安全员进行安全巡查，危险部位施工盯岗检查，对监理、业主、上级单位检查出的安全隐患立即进行整改。

四、四川省雅江县两河口水电站"4·10"边坡坍塌事故

（一）事故简述

4月10日，中国铁路工程集团有限公司第五工程局在四川雅江县两河口水电站场地平整及公路施工时，因受连续降雨影响土层松软，导致边坡坍塌，造成7人死亡事故。

（二）事故经过

事故发生在两河口水电站1号承包商营地场地平整及6号公路（K2+500.00至K3+100.00段）工程施工过程中。1号承包商营地场地平整工程位于水电站大坝施工区下游右岸左下沟索道桥处坡地上，1号承包商营地总用地面积约138亩。水电站交通工程6号公路1号承包商营地段起于电站下游交通桥右岸桥头（2号公路终点K2+500.00位置，高程2668.32m），沿雅砻江右岸1号承包商营地内侧展线上升，止于1号承包商营地上游端（终点K3+100.00，高程2669.70m），路线全长0.60km。

2007年4月5日，1号承包商营地场平边坡开挖到位，即进行挡墙基槽开挖；4月7日上午9:00至12:00降雨，挡墙基槽4月8日开挖到位，下午经设计、业主、监理到现场查看后，要求将基槽底清理干净，清理完毕后，当晚18:30左右便开始下雨，一直持续到4月9日上午9:00。

2007年4月10日，天气：晴。上午，经设计、业主、监理单位现场检测地基承载力不能满足设计要求，确定将SK0+060—+090段长30m挡墙基槽普遍再往下清理0.3m、加宽0.7m。

根据要求，中铁五局集团第一工程有限责任公司两河口项目经理部主管施工员李××13:00安排先用挖掘机清理，14:40李××通知挡土墙施工队，15:00施工队14人来到工地开始清理，其中2人看护，一人在坡顶，一人在基槽边；16:00左右增加了3人，大约18:10至18:30已基本清理完毕，8人陆续离开基槽，另外7人留下继续收尾清理。18:30左右，边坡发生坍塌，将杨××等7名留在基

槽内作业的工人掩埋在塌方体内，致使 7 人全部遇难。

（三）事故原因

1. 直接原因

（1）施工单位对一号承包商营地平台没有按照项目部编制（未经审定）的施工技术措施中明确的"挡墙开挖采取间隔跳槽方式开挖"的作业方式组织施工，没有按照技术交底中明确的 1:0.25 的坡度进行有效的测量、检查、控制。4 月 5 日，一号承包商营地平台开挖后形成长 98m，包括基槽总高 9.6～11.7m 的边坡；对实际坡度 1:0.12～1:0.19 的边坡稳定性认识不足，未采取相应的安全防护措施，违规操作，这是此次事故发生的主要直接原因。

（2）1 号营地场平和 6 号道路场地覆盖层为 5～15m 厚的崩坡积块堆积层，以崩坡积块碎石土为主，呈松散—中密状态，下伏基岩为沙质板岩。自 3 月 20 日开工，至 4 月 4 日道路下挡墙开挖形成（桩号 ak0+000—sk0+098），下挡墙边坡高 7.9～9.5m，为碎石土土质陡坡，结构较松散，坡比 1:0.12～1:0.19；边坡顶上建有临时工棚，没有有效的排水系统；受 4 月 7 日上午 9:00 至 12:00 及 4 月 8 日晚 18:00 至 4 月 9 日上午 9:00 降雨和气候的影响，雨水渗透造成土层松软，堆积体表层土体软化，导致边坡局部坍塌，这是此次事故发生的重要直接原因。

2. 间接原因

（1）工程技术管理不到位，该工程施工方案的制订、审批程序不规范。在挡墙专项施工方案未经审定的情况下，施工单位实施了施工；监理单位在没有收到挡墙专项施工方案时默认了施工；业主未有效督促监理单位完善技术文件资料的审批手续，这是造成此次事故的主要间接原因。

（2）现场施工管理人员和监理人员技术素质差，现场没有及时发现高边坡开挖过程中存在的安全隐患，并采取有效的安全防范措施予以制止，这是造成此次事故的重要间接原因。

（3）施工单位没有对新上岗工人进行安全教育培训工作，工人缺乏自我安全保护意识，这是造成此次事故的另一间接原因。

（四）防范及整改措施

（1）施工、监理等单位要严格执行施工技术管理程序和审批制度。

（2）为确保现有挡墙施工的安全，建议对事故边坡进行放坡或减载，在确认边坡稳定后，才能实施下道工序。

（3）认真履行监理单位职责，加强对监理人员的技术培训和对施工现场的监控工作。

（4）完善坡顶的排水系统，避免雨水漫流，影响边坡稳定。

（5）对今后施工的挡墙边坡，要严格按照规程、规范规定的施工方式进行施工，采取有效的防护措施，并控制好坡率，确保边坡稳定。

（6）全面开展隐患排查工作，对已发现的隐患，要进行彻底的整改，确保施工安全。

（7）进一步健全安全管理规章制度，完善安全生产管理措施，落实安全生产责任，保证安全管理制度以及各项措施在施工中得到落实。

（8）进一步完善各项安全技术措施，确定合理的施工方案，加强对施工现场的安全隐患排查和施工过程的动态监控，及时发现、纠正、整改施工过程中的安全隐患，加强险情预测和排险工作。

（9）进一步加强对施工单位、所有作业人员的安全教育培训，增强作业人员的安全防范意识。

五、广西柳州龙滩送出工程"7·22"500kV 线路施工钢丝绳断裂事故

（一）事故简述

7 月 22 日，四川省岳池送变电工程公司在广西柳州龙滩送出工程 500kV 线路施工时，用于固定转向滑轮的钢丝绳断裂，鞭打到附近 3 名运输材料的民工，造成 3 人死亡。

（二）事故经过

柳桂线路 2.1 标段运送线路材料设备，施工线路总长 12.2km，其中鹿寨县境内 10.2km，永福县境内 2km。本标段内有铁塔 28 个（66 号铁塔至 92 号铁塔），其中柳州段 23 个，桂林段 5 个。事故发生在 74 号铁塔至 88 号铁塔运送材料施工过程中，即从鹿寨县方向

向永福县方向。2007 年 7 月 22 日 13：00 左右，当工程施工至永福县境内第一个铁塔 88 号塔时，用于固定转向滑轮的钢丝绳突然断裂。之所以造成固定转向滑轮的钢丝绳断裂，是因为四川省岳池送变电工程公司福建工程处民工在运输材料设备的过程中（运输材料的索道钢丝绳与下方牵引导线的牵引绳交叉作业），运输材料的索道钢丝绳意外发生断裂，其断裂的钢丝绳及材料猛力打击下方放线的牵引绳，牵引绳突然受力致使固定转向滑轮的钢丝绳（千斤）断裂所致。断裂的钢丝绳鞭打到铁塔附近的 3 名运输材料的民工身上，造成 3 名运输材料的民工受伤不治身亡。

（三）事故原因

1．直接原因

（1）索道运输的钢丝绳在长期输送材料设备过程中疲劳损伤，而负责货运的运输员没有及时发现钢丝绳的磨损情况；在施工现场没有做好现场监护和索道钢丝绳有磨损情况下进行吊运（送）材料设备，导致索道钢丝绳在瞬间断裂并引发连锁反应，是发生本次事故的直接原因之一。

（2）索道吊运（卷扬机）操作工郑××，没有经过特种作业和安全知识培训，在未取得特种作业证的情况下，忽视安全，违章、冒险作业，是造成此次事故的直接原因之一。

2．间接原因

（1）对施工现场使用设备设施缺乏检查，未能及时发现钢丝绳已经存在的隐患，对隐患未及时进行整改排除，让设施带病运行，是发生此次事故的间接原因之一。

（2）牵引和索道运输两项作业交叉进行，整个施工现场劳动组织不合理，也未制订专项施工方案，是造成此次事故发生的间接原因之一。

（3）公司对员工的安全培训教育不够，员工安全意识薄弱，责任心不强是造成此次事故发生的间接原因之一。

（四）防范及整改措施

（1）公司对企业在建工地进行一次全面的安全生产大检查，排查并及时消除生产安全事故隐患，保证安全资金投入。

（2）建立、健全本单位的安全生产事故责任制，制定有关的安全生产规章制度、操作规程，项目专项安全技术措施和事故应急救援预案。

（3）撤销此项目负责人（经理）职务后，任命通过安全生产知识和管理能力培训考试合格（取得执业资格证书）、具有相应管理能力的负责人负责此项目的管理。

（4）加强对单位员工，特别是从事登高、起重信号工、起重吊装（索道吊运操作）等特种作业人员的安全知识和技能培训，做到全员培训，持证上岗，提高广大员工的安全生产意识和自我防范能力。

（5）严格执行操作规程，坚决杜绝交叉作业、违章作业、冒险作业、违章指挥等行为。

六、辽宁省丹东市蒲石河水电站"7·24"厂房施工车辆交通事故

（一）事故简述

7月24日，中国水利水电建设集团公司第一工程局在辽宁省丹东市蒲石河水电站厂房施工中，作业人员乘坐三轮车途经厂房交通隧道时车辆失控，碰撞交通洞壁，造成3人死亡、2人受伤。

（二）事故经过

2007年7月24日18:00，驾驶员王××驾驶一辆"时风"牌自卸三轮农用运输车（型号：7YP-1150D），后斗载着张×、马汉×、高××、冯××四人，由交通隧道外向隧道内的作业面行驶，去上岗作业。当车辆进入隧道，行驶至大约700m处（此处坡度6%，弯度50%，路面有1cm左右厚的泥浆），因车速过快，无法控制，车辆直接撞到右侧岩壁上，车上5人全被摔到路边宽约1.1m、深约0.3m的水沟里。

18:20左右，同在一个工区内作业的丹东诚信水利水电建筑公司队长张××、班长马会×由隧道内开车向外走时，发现了肇事车辆和呼救的张×，他二人立即停车将张×架扶到他们的车上。根据张×的提示，又从水沟里将还有呼吸的马汉×拖到路面上。随后，他们

迅速将伤者送往医院，其余 3 人则当场死亡。

（三）事故原因

1．直接原因

驾驶员王××违反农用三轮运输车不准载人的规定，在下坡路中违章将变速杆置于空挡位置，致使所驾车辆失控，是导致这起事故发生的直接原因。

2．间接原因

1、张×、马汉×、高××、冯××四人自我保护意识不强，为图省力，冒险乘车。

2、乙方违反规定将工程项目分包给无法人资质的自然人；没有认真履行好监管职责，疏于对丙方作业人员安全培训教育工作的管理；农用三轮运输车载人现象虽然曾经予以制止，但措施不得当，没有将这一隐患及时消除。

3、甲方作为项目发包和交叉作业的统一管理、协调方，在与乙方签订的《安全生产管理协议书》中，没有依法明确双方的安全管理责任；对已发现的农用三轮运输车载人现象，也没有采取坚决措施予以制止。

4、丙方作业人员召集人贾××没有按规定对属于自己的肇事车辆进行检验，凭照营运；对所召集的作业人员在上岗前没有进行必要的安全培训教育；对存在的农用三轮运输车载人行为听之任之，管理缺位，致使隐患酿成悲剧。

（四）防范及整改措施

（1）中国水利水电第一工程局及其各项目经理部，要认真吸取此起事故教训，认真贯彻"安全第一、预防为主，综合治理"的方针，认真查找本单位安全管理方面存在的漏洞和事故隐患，严格项目发包和从业人员的安全培训教育工作，从源头上杜绝事故隐患的存在，防止各类事故的发生。

（2）中国水利水电第六工程局及其各项目经理部，要从这起事故的发生中认真查找本单位在安全管理工作中存在的问题，依法规范安全生产管理协议书的相关条款，切实履行好自己的工作职责，杜绝类似行为的发生。

（3）中国水利水电建设工程咨询西北公司蒲石河电站工程监理中心要认真履行监理职责，进一步加强施工现场的监督管理，及时发现并消除各种事故隐患，保证项目的顺利进行。

（4）辽宁蒲石河抽水蓄能有限公司要结合现阶段的安全生产形势，立即在全工区范围内开展一次隐患排查、治理活动，严格工程项目的分包、发包工作，对所有外包项目的安全生产协议书、施工队伍的资质、工区内各种车辆和器具的检验检测等进行一次彻底检查，将不符合安全生产条件的队伍、人员和设备清除出工地，确保整个工程的建设安全。

七、重庆市酉阳县金家坝水电枢纽工程"8·5"雷管爆炸事故

（一）事故简述

8 月 5 日，中国水利水电建设集团公司第三工程局在重庆酉阳县金家坝水电枢纽工程引水洞进行喷浆施工时，一辆工程车碾压到了散放的雷管，引发附近的炸药爆炸，造成 5 人死亡。

（二）事故经过

2007 年 8 月 5 日 19:30～19:40，中国水电三局承建的重庆酉阳县金家坝水电枢纽工程引水系统 1 号支洞，在主洞钻孔工序和支护工序同步进行过程中，当钻孔工序刚刚开始，该部位的支护结束，需继续往前移动支护工作平台，用装载机移动支护工作平台车至桩号 K1+520 时，装载机操作员瞿××驾驶装载机，违反操作规程，将装载机斗子支举加固台车，致使行驶视线受碍；同时又在不明现场工作环境的情况下冒险作业，在装载机一进一退调整方向的过程中，碾压到随意堆放的雷管和炸药，引起爆炸。爆炸共造成 5 人死亡（其中：喷浆工雷××、汪××、抽水工单××3人当场死亡，管道工人陈××、装载机操作手瞿××2 人抢救无效死亡），装载机后轮、油箱、驾驶室等被炸毁，爆炸的炸药共5 箱，重 120kg。

（三）事故原因

1. 直接原因

装载机操作员瞿××驾驶装载机行进中，在不明现场工作环境的情况下，在装载机一进一退调整方向的过程中，碾压混放在施工现场的雷管，引爆 120kg（5 箱×24kg）铵油炸药，是造成此次事故的直接原因。

2. 间接原因

（1）爆破作业单位未在重庆相关部门注册登记爆破资质，人员无作业资格。《金家坝水电枢纽工程爆破施工方案》未报当地公安机关审批，中水三局没有到重庆市公安局登记取得在重庆市作业资格的备案资料。

（2）现场爆炸物品管理混乱。

按 GB 6722—2003《爆破安全规程》规定："炸药雷管应分别存放在加锁的专用爆破器材箱内，不应乱扔乱放，应放在无机械电器设备的地点；不准提前班次领取爆破器材；领到爆破器材后，应直接送到爆破地点，不应乱丢乱放。"中水三局金家坝水电站项目部制订的《酉阳金家坝水电站引水隧洞开挖专项施工方案》中，也明确规定必须钻孔完成后才能将炸药运输至施工作业面，运至现场后必须将炸药和雷管、导爆管分开堆放，严禁混堆，并在现场有专职安全人员看守。而事实上，该现场白天、夜间都在施工，而爆炸物品都是将全天所有班次的用量一次领取，由工人进洞时全部带进洞乱堆乱放，甚至混放。在有大型机械经过的地点，在钻孔工序刚开始时，已将爆炸物品放在上游 Kl+520m 等 3 个地方。而且，现场爆炸物品存在炸药库领用记录与现场实际使用存放量严重不符的情况。经查，事故发生当日（8 月 5 日）领用爆炸物品火雷管 10 发、非电雷管 600 发、导火索 2m、铵油炸药 480kg、乳化炸药 120kg；除爆炸的炸药雷管外，截至 8 月 7 日退回乳化炸药 100.6kg、铵油炸药507.675kg、非电雷管 453 发、火雷管 18 发、导火索 6m，导爆雷管39 枚，形成了重大安全隐患。

（3）《专项安全施工方案》编制粗糙，根据《建设工程安全生产管理条例》第 126 条的规定："爆破施工是危险性较大的工程。应编制并由施工单位组织专家进行论证、审查，经施工单位技术负责人、总监理工程师签字后实施"。但该《方案》未见任何专家论证审查意见，也未按正常程序审批；且该《方案》针对性不强，可操作性差。

（4）安全管理制度不健全、安全检查不到位，没有查到主要领导、分管领导和安全管理人员对1号支洞安全检查的记录。

（5）民用爆炸物品监管不到位，致使雷管、炸药等爆炸物品超量领用和退库不及时，给施工现场带来重大安全隐患。

（四）防范及整改措施

1. 中水三局第二分局酉阳县金家坝水电工程项目部

（1）金家坝项目部所有施工作业面停产整顿，全面开展隐患排查整治，清理检查安全操作规程和规章制度的落实情况，对全体施工人员再次进行培训教育，结合这次事故的深刻教训，切实加强对员工安全生产法律、法规的学习，安全技术标准规程、制度的宣传和教育工作，切实贯彻落实各项管理制度。

（2）全面清理整个工程中的各种分包情况，杜绝违规发包、违规承包、对于不具备相应资质的施工队伍坚决清理出场。在法律允许的范围内，规范发包分包行为。

（3）进一步加强各项规章制度的落实，建立健全安全生产管理的长效机制。强化对安全生产工作的领导制度，建立领导成员对安全形势的定期分析制度，定期组织安全检查。进一步加强安全生产技术措施管理制度的落实。通过本次事故案例教育，对于危险性较大的分部分项工程必须编制专项施工方案，并附具安全验算结果，经施工单位技术负责人、总监理工程师签字后实施，专职安全员必须现场监督。

（4）狠抓易燃易爆物品的安全生产管理。严格审批、领用、退库、保管制度，进一步加强爆破作业过程中的监控和现场检查力度。明确项目部对分包队伍安全管理的主管领导，尤其在易燃易爆物品的使用上，要制定有效的监控措施，指定专人负责现场爆破作业。针对水电工程施工的特殊性，加大安全投入，增加配置，做好重大危险源的辨识与控制工作，保证生产过程中的各种安全因素处于受控状态。

2. 中国水利水电第三工程局

（1）要认真总结这次事故的教训，加强对各分公司和各项目部安全生产工作的领导，认真落实安全生产责任制，对全局各项目部的现场安全生产情况进行一次大检查，消除安全隐患。

（2）加强对各分公司和各项目部负责人的安全生产法律法规的宣传和教育。

3. 长江水利委员会长江勘测规划设计研究院酉阳县金家坝水电工程监理部

（1）要认真吸取这次事故的惨痛教训，在实施工程监理过程中，严格审查施工组织设计中的安全技术措施或专项施工方案是否符合工程建设强制性标准。认真履行监理职责，发现存在安全事故隐患的，必须要求施工单位整改；情况严重的还要要求施工单位暂时停止施工，并及时报告建设单位。施工单位拒不整改或者不停止施工的，工程监理单位应当及时向有关主管部门报告，对整改结果进行复查，真正承担起监理的安全生产责任。

（2）严格审查施工企业资质和安全生产许可证、三类人员及特种作业人员合格证书操作资格证书等资质、资格情况。严把人员准入关。

（3）严格遵循法律法规赋予的职权，认真审核施工企业安全生产保证体系、安全生产责任制、各项规章制度和安全监管机构建立及人员配备情况，认真审核施工企业应急救援预案、安全防护、文明施工措施费用使用计划情况。复查施工单位施工机械和各种设施的安全许可验收手续情况。定期巡视检查危险性较大工程作业情况。

4. 长江水利委员会长江勘测规划设计研究院

（1）要认真总结此次事故的问题和教训，督促各项目监理部查找有无存在酉阳县金家坝水电工程监理部类似情况，对照国家法律法规赋予的职权是否履行到位。

（2）加强各项目监理部的安全生产管理，严格要求各监理工程师认真履行职责，防止在工程项目监理过程中履行职责不到位，导致生产安全事故所带来的负面影响。

（3）加强对监理工程师的安全生产法律法规的学习和教育，充分认识监理工程师一岗双责（质量、安全）的法律要求和法律责任，进一步提高安全生产管理意识。

5. 重庆水利投资集团

（1）作为建设单位，要严格落实安全生产责任，加强对工程中标单位的安全生产管理，强化落实水利工程开工前提出的保证安全生产的措施，对于与该水利工程各参建方签订的《安全生产协议》的执行情况，进行全面系统的检查。

（2）进一步完善重大隐患排查制度和报告制度，建立健全施工现场安全生产管理制度、生产安全事故责任追究制度。加大项目法人的安全生产主体责任。

（3）认真吸取此次事故的教训，举一反三，结合国务院关于近期开展重大隐患排查工作的要求，对集团的所有水利水电在建工程参建单位《安全生产协议》的执行情况，进行全面系统的检查。防止类似事故再次发生。

6. 西阳县民用爆炸物品监管部门

认真履行对民用爆炸物品监管职责。按照《民用爆炸物品管理条例》和当前公安部正在开展的"民用爆炸物品专项整治工作"的要求，加强民用爆炸物品监管，严格禁止雷管、炸药等爆炸物品超量领用，在全县范围内对民用爆炸物品的使用和管理进行全面检查，防止类似事件再次发生。

八、河北省开滦唐家庄坑口热电厂三期工程"8·24"塔吊坠落事故

（一）事故简述

8月24日，北京国电华北电力工程有限公司的分包单位江苏江都建设工程有限责任公司，在河北开滦唐家庄坑口热电厂三期工程主厂房施工过程中，塔吊顶升作业时塔身折断坠落，造成6人死亡。

（二）事故经过

唐山开滦唐家庄坑口热电厂三期工程B1号标段主厂房本体为主体七层框架结构。主厂房主体在进行46m（最高一层）的施工时，因QTZ315塔吊高度不够（约40m高），需要进行塔吊顶升作业（加入标准节）。2007年8月23日17:00左右，该项目部召开生产例会，

生产经理刘××对 QTZ315 塔吊顶升工作进行具体安排，明确专职安全员黄××负责安全技术交底，庄×负责地面监护，蒋××负责安装指挥。8 月 24 日上午，专职安全员黄××现场对 QTZ315 塔吊提升进行了安全技术交底（①参加操作人员必须服从指挥；②高空作业人员必须挂好安全带；③严禁酒后施工；④所提升的每一节连接螺杆、螺帽都要拧紧后才能提升第二节；⑤施工完后，对每个部件再做一次检查，在确保安全的情况下才能通知试吊等），施工负责人蒋××、接收交底人庄×、曾利×、吴××、王××、熊××在安全技术交底记录上签字。

8 月 24 日 13:30 左右，开始进行顶升安装，庄×负责安装现场的地面监护，严禁其他人员入内，防止塔吊在大臂旋转半径范围内掉物伤人；蒋××等 6 名职工在塔吊上作业。13:40 左右，利用塔吊液压顶升机构安装好第一个标准节，于 14:38 左右顶升第二节（第 18 节）标准节时，由于用于支撑的右侧一组两片卡爪中有一片突然断裂，使塔机上部重量失去平衡突然坠下，巨大的惯性和不平衡力矩，造成平衡臂的两根拉杆与塔顶连接铰点的板耳孔被拉开，后平衡塔臂配重和塔机上部自重砸在塔身第 12 节和第 13 节标准节上，使其连接的螺栓被拉断（塔身距地面约 27m 处），造成塔上的 6 名作业人员随同塔身上部断裂处以上的司机室、塔顶塔身、起重臂、平衡臂等一同坠落到地面。

事故发生后，6 名受伤人员分别被送往医院抢救，后经抢救无效相继死亡。

（三）事故原因

1. 直接原因

2007 年 8 月 24 日 13:30 左右，现场塔吊顶升操作人员在先安装好一节（第 17 节）标准节后，于 14:38 左右顶升第二节（第 18 节）标准节时，由于右侧一组两片卡爪中有一片突然断裂，使塔机上部重量失去支撑突然坠下，巨大的惯性和不平衡力矩，造成平衡臂的两根拉杆与塔顶连接铰点的板耳孔被拉开，后平衡塔臂配重和上部塔的自重砸在塔身第 12 节和第 13 节标准节上，使其连接的螺栓被拉断（塔身距地面约 27m 处），造成塔上的 6 名作业人员随同塔身上部断裂处以上的司机室、塔顶塔身、超重臂、平衡臂一同坠落到地面。

2. 间接原因

（1）江苏江都建设工程有限公司现场塔吊顶升操作人员在塔吊顶升作业前未能对关键部位进行有效检查，在顶升作业收油缸时对卡爪未进行有效监护，检查维保不细，未能发现和及时排除隐患，是导致事故发生的主要原因。

（2）江苏江都建设工程有限公司在塔吊顶升前，虽然对塔吊顶升作业人员进行安全技术交底，但安全技术交底针对性不强，对重点部位安全技术交底存在盲区，尤其是塔吊顶升前没有对塔吊的着力部件卡爪进行检查，是导致事故发生的重要原因。

（3）江苏江都建设工程有限公司安全生产管理工作不到位，规章制度和操作规程落实不严格，对安全管理人员及操作人员安全技术培训不到位，职工安全意识淡薄，机械设备管理不到位，是导致事故发生的重要原因。

（4）北京国电华北电力工程有限公司作为该工程的总承包单位，对施工现场的安全生产负总责，在实际施工过程中，对工程分包单位江苏江都建设工程有限公司的安全管理不到位，要求不严、督导不力，只注重了资质、质量、进度方面的管理，对安全生产的过程控制把关不严，也是导致事故发生的重要原因。

（5）湖北中南电力工程建设监理有限责任公司作为该工程的监理单位，在实施监理过程中，未能认真履行工程监理职责，对江苏江都建设工程有限公司未向其报审塔吊顶升安全技术交底方案没有采取相应措施，过程控制监理工作不到位，也是导致事故发生的重要原因。

（四）防范及整改措施

（1）江苏江都建设工程有限公司必须认真贯彻"安全第一，预防为主，综合治理"的安全生产方针，认真吸取事故教训，摆正安全与生产的关系，要把安全放在生产经营活动的突出位置来抓，做到不安全绝对不生产，以安全促生产。

（2）江苏江都建设工程有限公司要切实加强对施工现场安全管

理，加强对施工机械设备的检查、维护、保养工作，特别是对塔吊的关键部位和主要构件，要进行认真、仔细的检查，并严格做好自检记录，全面消除安全隐患，保证机械设备正常运转，防止类似事故的发生。

（3）江苏江都建设工程有限公司要切实加强对从业人员的安全生产教育培训，突出对工程管理人员、安全技术人员和重点岗位安全生产知识的培训，提高现场管理人员的安全管理水平，提高全员的安全素质。

（4）北京国电华北电力工程有限公司要切实履行总承包方的安全管理职责，严格落实安全生产相关法律法规、安全生产责任制、各项规章制度和规程，严格过程控制，强化对分包单位的管理，确保安全生产。

（5）湖北中南电力工程建设监理有限责任公司要认真履行安全监理职责，严格执行监理规范，落实安全监理责任，对安全方案审查、安全措施落实、施工过程监控、特种作业人员持证上岗等要严格把关，组织有针对性的安全大检查，及时消除事故隐患。

九、山西省河曲县黄河龙口水利枢纽工程"9·18"塔机坍塌事故

（一）事故简述

9 月 18 日，中国水利水电建设集团公司第十一工程局在山西省河曲县黄河龙口水利枢纽工程施工过程中，作业人员在拦河坝左岸安装建筑塔机时，塔身在顶升过程中弯曲折断，致使塔机坍塌，造成 4 人死亡、4 人受伤。

（二）事故经过

2007 年 7 月 25 日，中国水利水电第十一工程局龙口施工局物资设备处根据工程建设的需要，将型号为 C7050 建设塔吊从云南戈兰滩水电站调往龙口水利枢纽建设工地。该设备于 2007 年 1 月 7 日经过了云南省红河特种设备检验所安全检验合格。从 8 月 15 日至 8 月 23 日，设备逐步运到龙口枢纽建设工地，9 月 3 日，通过常规检查手段对现场设备现场检查之后，由中国水利水电第十一工程局机电安装工程处向龙口施工局汇报并批准后，于 9 月 5 日开始安装。至 9 月 18 日中午，已安装固定塔架以上四个标准节。

2007 年 9 月 18 日下午，中国水利水电第十一工程局五分局机电安装工程处孙××组织吴××、侯××等 14 人参与塔吊安装工作，分工如下：陈光×、龙××、周××三人承担顶升系统液压操作，陈光×负责在液压操作平台上操作；内塔上平台由陈元×、侯××、南××三人承担检查外塔与内塔之间的间隙及顶升作业过程有无卡、阻、挤等现象，以及监督顶升人员操作、活动销轴推进、缩回，陈元×负责；吴××、王贵×、李建×、王云×承担检查内塔身下部的上升情况，吴××负责；地面由李艳×、兰××两人承担警戒，不准非工作人员进入作业范围内；孙×、马××两人承担杂务；孙××负责协调、指挥。这时，在塔吊工作现场连同司机何××（女）共有 16 名作业人员，其中塔吊上有 11 人［陈光×、龙××、周××、吴××、王贵×、李建×、王云×、陈元×、侯××、何××（女）、南××]，地面有 5 人（李艳×、兰××、孙×、马××、孙××）。大约 13:30，在孙××组织下，作业人员先后进入作业现场。到现场后，孙××组织人员召开班前会，布置了工作任务，对顶升系统和有关人员的劳动保护装置进行了检查，交代了有关安全注意事项。大约 13:40，各作业人员在相关负责人带领下进入工作位置，开始了顶升作业准备；14:51 开始顶升。到 15:15，内塔身顶升了约 1.46m，约 3 个行程。15:30，大约又顶升了 2 个行程，当第 6 个行程进行了约 430mm 时，突然听到异常声响，内塔身以上部分整体垂直下滑，当大臂坠落在左岸岩石平台时，塔吊前后臂失去平衡，导致塔吊向平衡臂方向倾倒，距轨道顶面约 10m 处折弯而坠落。当场致使龙××、陈光×、何××（女）3 人死亡，周××等 5 人受伤。

（三）事故原因

1. 直接原因

这起事故的直接原因是顶升梁两端耳板断裂造成的。

2. 间接原因

龙口水利工程监理处对施工单位所报送的有关方案批复时，审核不严格，施工现场巡查不到位。

中水十一局龙口施工局、设备处、机电安装工程处安装队没有严格执行设备管理的有关规定，在安全生产工作中，没有制定强有力的防范措施，对设备的日常管理和安装还存在一定的疏漏。

（四）防范及整改措施

（1）龙口工程建设管理局、中水十一局、龙口水利枢纽工程监理处应认真落实安全生产的有关规定。进一步制定、完善施工现场的安全防范措施，使各项安全生产工作进一步做细做实做严。

（2）近期要以"9·18"事故为教训，举一反三，组织整个施工现场的干部职工开展一次深刻的回头看警示教育；对整个施工现场的设备进行一次大检查、大检修工作，彻底消除安全隐患，做到万无一失。要加强对设备的定期检测，尤其是对关键受力部位要制订详细检测计划，绝不能出现不检或漏检现象。

（3）加强职工安全知识、业务技能的培训力度，进一步强化安全意识。

（4）施工单位要积极购置先进的检测设备，改进检查手段，提高检查技术水平。

（5）加强对设备的技术管理，设备拆装、转运及使用过程中做好严密细致的检测记录报告。

（6）鉴于此次事故发生的部位是顶升梁两侧耳板断裂，建议对这种结构加以研究与改进。

十、云南省文山州马鹿塘水电站二期工程"10·17"岩体塌滑事故

（一）事故简述

10 月 17 日，中国水利水电建设集团公司第十五工程局在云南文山州马鹿塘水电站二期工程进行清渣作业时，发生岩体塌滑，造成 3 人死亡，1 人受伤。

（二）事故经过

2007 年 10 月 16 日 23:30，中水十五局在调压井井体桩号 0+005—0+025、EL626 高程（距井口 20m）工作面，开展了一次爆破作业。10 月 17 日 7:00，中水十五局安排 16 人开始清理松渣。12:05

当剩余渣量约 10m³ 时，清渣区外侧岩体突然滑塌（滑塌量约 50m³），造成正在清理的 4 名工作人员伤亡。其中 3 人被砸伤后随滑塌的岩体下落，被安全绳悬挂在井口上端 5m 处。12:45，3 人被营救上来，迅速送往医院，途中两名重伤员抢救无效先后死亡，一名轻伤人员送入医院急救。另外一人安全绳被砸断落入调压井导流洞中，经过约 7h 的清理和全力搜救后，于 20:20 在调压井底部找到，确认已经死亡。整个事故造成 3 人死亡、1 人受伤。

（三）事故原因

（1）坍滑体以上井壁（约 20m）由于已进行了喷锚支护，喷锚支护措施已起到了很好的支护效果，井壁围岩稳定。

（2）EL618～EL626 高程开挖段围岩由于上覆岩体厚度较大，受爆破震动影响小，岩体结构面处于闭合状态，胶结良好，围岩具有一定自稳能力；而扩挖段岩体由于井筒导井及上覆岩体开挖卸载，导致结构面组合的楔形体稳定性降低，结构面受爆破震动影响发生张裂、松弛，最终导致了开挖楔形体失稳。

综上，这是一起因意外突发性岩体坍滑造成的人身伤亡事故。

（四）暴露问题

（1）项目建设单位未能认真履行业主安全管理的主体职责，组织、协调、督促开展安全检查力度不够，"以包代管"现象突出。虽然从合同约定来看，权责明确，目标清晰，但保证目标实现的措施不力，督促不够，安全管理运作机制不健全，安全生产隐患排查治理工作存在不彻底或"真空"地带。

（2）项目总承包单位、监理单位、承建单位未严格履行合同约定。从事故现场以及中水十五局的有关作业情况看，虽然相应作业面都按规定编制了作业指导书，明确了安全防护措施，安排了安全监督人员，培训了作业人员，开展了安全技术交底等工作，执行国家有关规范的最低要求，但存在着对重点危险源采取的防范措施与作业危险程度不匹配、安全管理薄弱、安全设施和工器具简陋、现场安全文明规范化施工标准较低、施工作业人员自我防范和自我保护意识较差等问题。

（3）事故应急救援制度不健全，安全生产事故信息报送不规范、不通畅。10 月 17 日事故发生后，项目总承包单位在得到承建单位事故信息后未及时告知建设单位，事故报送信息受阻，造成信息传送不畅。

2008 年

一、四川省雅安石棉县四川松林河流域开发有限公司洪一水电站工地"1·2"吊笼卷扬机钢丝绳断裂事故

（一）事故简述

1 月 2 日，中国水利水电建设集团公司第五工程局的分包单位福建天翔建筑工程公司，在四川省雅安石棉县四川松林河流域开发有限公司洪一水电站工地进行竖井底部清渣作业结束后，乘吊笼返回地面时，吊笼卷扬机钢丝绳断裂，工作人员随吊笼坠入竖井底部，造成 3 人死亡。

（二）事故经过

2008 年 1 月 1 日 12:00 左右井下爆破作业结束，2 日 0:00 左右排烟完毕，省天翔公司现场管理人员魏××随即安排郭××、沈明×、胡××、谭××、向×、沈光×6 名作业人员到竖井底部进行清渣作业，其后 6 名作业人员乘坐吊笼并由李××操作卷扬机将其送至竖井底部进行清渣作业。上午 9:00 左右清渣作业完毕后，6 名作业人员进入吊笼，郭××用对讲机通知李××提升吊笼，当升至井口处时，李××操作失误，导致吊笼冲顶，郭××、沈明×、胡××3 名作业人员在吊笼钢丝绳未断裂之前先行跳离吊笼，谭××、向×、沈光×3 人在卷扬机主钢绳发生断裂后随吊笼坠入垂直高度为 94m 的竖井底部。

事故发生后，现场人员立即向天翔公司及水五局有关负责人报告，经医生现场检查，谭××已死亡，向×、沈光×受重伤，两名伤者当即被救护车送往医院进行抢救，但经抢救无效先后死亡。

（三）事故原因

1. 直接原因

李××操作卷扬机，在吊笼升至地面时没能及时停止，致使吊笼冲顶，钢丝绳卡子卡在滑轮槽中，导致吊笼钢丝绳断裂，谭××、向×、沈光×3 人在卷扬机主钢绳发生断裂后随吊笼坠入垂直高度为 94m 的竖井底部是本次事故发生的直接原因。

2. 间接原因

（1）洪一水电站前池竖井施工用提升设备存在安全缺陷。

1）天翔公司在制作提升设备门架时未按图纸施工，按设计，提升设备门架高度为 3.5m，但实际高度仅为 2.5m。

2）前池竖井施工用提升设备属简易起重设备，必须安装防止吊笼冲顶的上限位保护装置，但该设备在设计安装时没有上限位保护装置，导致吊笼上行超过极限位置时，未自动断电。

（2）卷扬机操作人员操作失误。经现场取样的 GB 14048.5 电葫芦控制开关送四川省产品质量监督检测院鉴定为合格产品，具有正常的使用功能。

（3）按照《竖井扩挖专项安全技术措施》规定，吊笼严禁乘人。但天翔公司竖井扩挖作业人员违章作业，乘坐吊笼上下。

（4）使用未经质监部门检验的自制特种设备；使用不合格的断路器，经现场取样的 D247-60 断路器开关送四川省产品质量监督检测院鉴定为不合格产品。

（5）天翔公司在组织洪一水电站前池竖井扩挖、支护施工中，管理人员违章指挥，作业人员违章作业。

1）前池竖井施工用提升设备属起重设备，其操作人员必须经培训合格后持证上岗，但天翔公司的管理人员安排的操作工李××并未经过任何安全培训，属无证上岗，其他从业人员也未进行上岗培训，缺乏基本安全常识。

2）按照《竖井扩挖专项安全技术措施》规定，提升设备应配备正副司机各一名，但天翔公司的管理人员仅安排李××一人操作；前池竖井施工用提升设备在安装时安装有紧急停电开关，且和操作按钮在一起，但在使用过程中，操作人员擅自将操作按钮移至远离紧急停电开关 2m 的位置，且操作位置与紧急停电开关之间通道不畅。这两个问题将导致操作按钮损坏时，操作人员无法及时断开电源或操作人员操作失误，吊笼上行超过极限位置时，无人及时断开电源。本次事故就是操作人员李××操作失误，无人及时断开电源，吊笼冲顶，导致提升设备钢丝绳被拉断而发生的事故。

3）天翔公司在洪一水电站竖井扩挖与支护工程施工中管理混乱。天翔公司在本工程虽制定有安全生产责任制、岗位责任制、生产安全事故应急救援预案、安全生产规章制度和安全操作规程，但在具体工作中根本未得到落实和执行，形同虚设。水五局安全管理人员在2007年11月15日针对提升设备无上限位保护装置下发了整改通知书，12月2日建设单位发文要求提升设备须经检测检验并取得使用合格证书，监理单位在多次生产例会上指出提升设备无上限位保护装置且未经检测检验合格，但天翔公司均未整改。

4）天翔公司在洪一水电站竖井扩挖与支护工程施工中安全管理人员不到位。经查，施工现场无项目经理，专职安全管理人员，未经培训持证上岗，公司主要负责人从未到本工程进行安全检查，施工现场负责人施××无相应施工资质证书，未经安全培训考核，未取得安全资格证书。

（6）水五局作为总承包单位，对工序分包单位天翔公司在生产现场的施工安全管理不到位，安全管理人员和工程技术人员未履职尽职。

1）水五局将洪一水电站竖井扩挖与支护工程以工序分包方式交由天翔公司承接施工后，对天翔公司施工现场无项目经理、无专职安全管理人员，施工现场负责人施××无施工资质、未经安全培训考核、未取得安全资格证书的违章行为没有提出整改要求和制止。

2）水五局对天翔公司安全生产责任制、岗位责任制、安全生产规章制度和安全操作规程未得到落实和执行没有及时发现并督促其整改。

3）水五局没有取得特种提升设备设计资质的情况下由工程技术人员设计且提升设备设计存在缺陷，但仍提供给天翔公司制作使用。

4）水五局安全管理人员现场监管不力。天翔公司在洪一水电站竖井扩挖与支护工程施工中，对提升设备无上限位保护装置问题，水五局安全管理人员于2007年11月15日下发了整改通知书，但天翔公司在规定期限内未整改时，未下发停工通知书，也未向石棉县水利、安监等政府部门反映，对作业人员违章乘坐吊笼、提升设备操作人员无证上岗、提升设备未经检测检验合格问题，水五局安全管理人员未下发书面整改通知。

（7）监理单位未充分履行其监理职责，不能满足施工现场需要，现场监理不具备监理工程师资质，安全监理缺乏工作经验，对水五局和天翔公司在洪一水电站竖井扩挖与支护工程施工中诸多违章行为没有及时制止，是本次事故的间接原因之一。

1）天翔公司在洪一水电站竖井扩挖与支护工程施工中，提升设备无上限位保护装置、提升设备未经检测检验合格、提升设备操作人员无证上岗、作业人员违章乘坐吊笼。监理单位的现场监理人员和安全监理发现了提升设备无上限位保护装置、提升设备未经检测检验合格问题，但只是在生产例会上提出要求整改，没有整改期限，也没有下发停工指令。在天翔公司没有整改且继续施工的情况下，监理单位没有向石棉县水利、安监等政府管理部门报告；现场监理和安全监理未发现提升设备操作人员无证上岗；对作业人员违章乘坐吊笼上下行为，监理单位没有指出，甚至监理单位的监理人员在进入竖井检查时也违章乘坐吊笼上下。

2）监理单位的现场监理不具备监理工程师资质。经查，现场监理刘×仅有 2004 年参加监理工程师培训班的培训证书，培训时间 2个月，无监理工程师证书。

3）监理单位的安全监理缺乏工作经验，经查，安全监理人员田××2007 年 6 月大专毕业后参加了仅为期一周的安全培训，就在施工现场从事安全监理工作，缺乏实际工作经验，导致其不能及时发现施工现场的安全隐患，更不能指导施工单位整改隐患。

（四）防范及整改措施

（1）天翔公司和水五局必须加强施工现场的安全管理，加强对安全管理人员的安全技术培训。

（2）天翔公司必须认真落实安全生产责任制、岗位责任制及安全技术操作规程；加强对特种作业人员的管理，做到特种作业人员持证上岗；加强对作业人员的安全教育和培训，建立安全教育培训档案；管理人员必须全部到位，且持证上岗；坚决杜绝"出让资质、挂靠收费、不予管理"的行为。

（3）水五局必须加强对工序分包单位的管理，依法完善分包合同，要求工序分包单位遵守国家有关安全生产的法律法规；加强对工序分包单位施工现场的安全监督检查，对工序分包单位在施工现场的违章行为必须坚决予以制止；对现在所有正在进行施工的工作面进行全面检查，尤其是特种设备，凡未经检测检验合格的必须立即停止使用；因竖井开挖深度将达到225.8m；施工单位必须充分考虑作业人员上下井安全需要，按照有关技术标准要求，采取必要的安全防护措施。

（4）监理单位要充分履行监理职责，立即按监理合同增派监理工程师，对不具备监理资质的人员坚决予以清退。在监理过程中认真把关，对施工现场的违规行为要坚决予以制止，直至下发书面停工通知书。对下发停工通知书仍不停止施工的要及时向政府主管部门报告。

（5）四川松林河流域开发有限公司立即组织参建各方对其开发建设的水电站进行一次拉网式的安全隐患排查，消除安全隐患；同时对因安全需要调整施工方案而增加的安全投入必须依法保障。

（6）雅安水电建设点多面广，加之水电建设基本上都在山沟中，作业环境较差，事故多发，安全生产形势严峻。行业主管部门要认真履行职责，尽快提高监管人员的业务水平，使专业技能与职责相适应。加大对水电建设施工现场的监管力度，加大执法检查力度，强化企业的主体责任，同时对重点企业的重点部位、重点人员要重点管理。

二、金沙江上游川藏交界处昌波水电站前期勘测工作"4·10"橡皮船倾覆事故

4月10日，中国水电顾问集团公司贵阳勘测设计研究院在金沙江上游川藏交界处的昌波水电站进行前期勘测工作中，工作人员乘动力橡皮船由左岸到右岸工地，到达江心时橡皮船挂机熄火，随水向下漂流时倾覆，造成6人落水，其中4人死亡。

三、重庆市水利投资（集团）公司巫溪中梁水电站二级引水洞三号支洞"5·20"顶部坍塌事故

（一）事故简述

5月20日，中国葛洲坝集团第一工程公司的分包单位温州建设集团公司，在重庆市水利投资（集团）公司巫溪中梁水电站二级引水洞三号支洞施工作业时，顶部坍塌，造成 3 人死亡，2 人轻伤。

（二）事故经过

2008 年 5 月 20 日 8:30 左右，中梁水电枢纽工程二级引水 3#支洞上游段开始立钢拱架，共 12 人作业，其中上游段 3+455m 段 10 人作业，下游段 2 人作业。9:30 左右，洞顶突然掉下一煤矸石块，砸伤 3 人，其中 1 人头部受伤，当即送往医院治疗，另 2 人伤势较轻，未到医院治疗。之后，该部位暂时停止施工，作业人员全部退出 3 号支洞。11:30 左右，在施工人员陶×的带领下，共有 10 人进入 3 号支洞进行人工排危，排危工作在安全员邓××旁站监督下进行，同时，洞内增加了 2 盏碘钨灯照明。13:00 左右，在温州建设集团公司中梁水电站项目部管理人员游××的安排下，8 名作业人员再次进入 3 号支洞进行钢拱架安装作业。作业方法是：6 人共同将钢拱架竖立后，由 2 人掌扶立柱、1 人焊接连接件、2 人负责传递连接件、1 人负责照明、2 人进行安全监护。13:40 左右，正在进行支护部位的顶部突然发生煤矸石坍塌（塌方量 $2m^3$ 左右），当场砸伤 2 人，掩埋 3 人。

事故发生后，现场其他人员迅速进行施救，先救出轻伤员 2 名，后又从塌方土石堆中挖出邓××、王××、刘××3 人，经医生确诊，宣布 3 人已死亡。

（三）事故原因

1. 直接原因

（1）中梁水电站二级引水洞工程 3 号支洞施工自 2007 年 10 月进入不良地质段，工程进展缓慢，处于半停工状态。由于各方面原因的影响，支洞已开始频繁发生较大范围的塌方。

（2）在事故区段支洞拱顶空腔进一步加大的情况下，总承包项目部未制定相应处理措施排除隐患，险情进一步扩大。

（3）违章指挥。现场负责人在 3 号支洞存在严重安全隐患的情况下，安排作业人员进隧洞施工作业。

（4）冒险作业。现场负责人安排作业人员在危险环境中冒险作业，致使 3 号支洞正在进行支护部位的顶部突然发生煤矸石坍塌时，作业人员避让不及，导致悲剧发生。

2. 间接原因

（1）未编制安全专项施工方案。

该工程系地下暗挖工程（属危险性较大工程），根据《建设工程安全生产管理条例》（国务院第 393 号令）第 26 条及《危险性较大工程安全专项施工方案编制及专家论证审查办法》（建设部建质〔2004〕213 号）的强制性规定：在施工前应单独编制安全专项施工方案，由企业专业工程技术人员编制，经施工企业技术部门的专业技术人员及监理单位专业监理工程师审核，审核合格后，送专家组（不少于 5 人）进行论证审查，根据专家组提出的书面论证审查报告对安全专项施工方案进行完善，由施工企业技术负责人、总监理工程师签字后方可实施。但施工单位提供的《二级电站引水支洞土石方洞挖爆破施工方案》未见公安部门的审批意见和专家论证审查报告；《二级电站引水支洞安全专项方案》无编制、审核人签字，亦无施工单位技术负责人和总监签字，无专家论证审查报告。

（2）在不良地质段未按设计要求和施工方案进行施工。

在设计单位提供的开挖施工技术要求中，第 57 条"……在松散、软弱破碎的岩体中开挖洞室，应尽量减少对围岩的扰动，宜采用先护后挖、边挖边护，或先对岩体进行加固后再开挖等方法；发生塌方时应及时查明塌方原因，提出措施迅速处理，防止塌方范围的延伸和扩大……"在总承包项目部提供的《二级电站支洞开挖与衬砌分部工程施工方案》中第 4.6.1 条明确不良地质段施工原则"认真分析研究工程与水文地质资料。必要时，采用超前钻探或打超前导管等方法进一步了解掘进面前方的地质条件，做好地质预报"，"开挖施工中采用浅钻孔、弱爆破、多循环的作业方式，减少对围岩的扰动……"。以上方案针对不良地质提出了一系列安全措施要求，但施工单位仍按原定进度进行爆破施工，增加了对围岩的扰动；施工单位亦未采取超前钻探和打超前导管等措施，对不良地质段未进行及时支护。

（3）施工单位对不良地质段的安全隐患整治不力。

从总承包项目部和现场监理部提供的《施工日志》、《监理日志》、《监理通知》、《设计通知单》等资料上反映出在 2007 年 10 月 23 日前重庆市巫溪中梁水电枢纽二级电站引水系统工程 3 号支洞上游已施工至桩号 3+450.00m 位置，相关单位已确定此段为不良地质；同时在 2008 年 1 月 26 日《监理通知》2008-01-19 号中反映对 3 号支洞上游桩号 3+466.00m 至桩号 3+450.00m 的处理方案由业主、设计、监理、施工单位四方在 2007 年 10 月底前已确定处理方案，但施工单位一直到 2007 年 12 月 12 日才开始进行钢支撑支护，到 2007 年 12 月 28 日《监理通知》（2007-12-14 号）中反映 3 号支洞上游钢支护才安装了 8 根（仅防护了 3m 左右），从 2008 年 1 月 24 日春节放假至 2008 年 3 月 3 日 3 号支洞基本处于半停工状态。由于事故区段不良地质围岩较长时间悬空裸露，进一步加剧加大了围岩的不稳定性，事故区段又出现多次坍塌现象，3 号支洞拱顶空腔进一步加大，安全危险性进一步加大，总承包项目部未制定相应处理措施，违章指挥，盲目冒险作业。

（4）工程被多次分包，施工管理不到位。

中国葛洲坝集团股份有限公司与温州建设集团公司签订的《工程劳务协议书》其内容实为二级电站引水隧道开挖及支护等工程的分包合同。该分包工程的实际掌控人张雷×将工程挂靠温州建设集团公司，本人任温州建设集团公司驻重庆巫溪县中梁水电站项目部经理和中梁二级电站引水系统施工处副处长；张田×又聘用周××为施工处安全负责人、冉××为施工处总工程师、李××为施工处质量负责人；冉××又聘请徐××为二级电站引水系统施工负责人；徐××又聘游××为队长，负责 3 号支洞施工；游××再次将 3 号支洞内的支护工程分包给左××施工。由于该工程多次分包后，管理层次增多，管理不到位。

（5）温州建设集团公司现场监管不到位。

温州建设集团公司驻重庆巫溪县中梁水电站项目部机构不健全；重庆市巫溪中梁水电枢纽工程二级电站引水系统工程于 2006 年 8 月开工以来，温州建设集团公司从未派过人员到工地检查、督促工作。

（6）施工单位对新进场工人安全教育培训不及时，安全技术交底不到位，导致盲目冒险作业。

（四）防范及整改措施

（1）全面开展隐患排查治理工作。巫溪中梁水电工程参建各方要认真吸取"5·20"事故教训，举一反三，在中梁水电枢纽工程范围内全面开展隐患排查治理。制定隐患排查治理制度，建立健全隐患排查治理档案，坚持定期进行安全隐患排查。安全隐患整治要按照定措施、定人员、定时间、定资金、定整改责任人、定整改验收人的"六定"原则进行整改，验收合格后消号。特别是针对目前存在的实际地质条件与原设计严重不符情况，要聘请专业地质单位对二级引水隧道的地质现状进行详细地勘；根据地质单位出具的地勘资料，制订切实可行的专项施工方案，经专家组论证后施行。

（2）重庆市水利投资（集团）公司要严格按照国家安全生产法律法规、行政法规和国家标准、行业标准的规定，对参建单位的资质进行严格审查，凡是不具备资质的必须清退。

（3）施工单位要按照国家安监总局 3 号令及国家安监总局等七部委《关于加强农民工安全生产培训工作的意见》（安监总培训〔2006〕228 号）的规定全面开展作业人员的安全生产"三级教育"和安全培训工作，提高作业人员安全意识和自我防范能力。

（4）监理单位要完善监理部安全保证体系，明确每个监理人员的安全职责及管理范围，实行安全监督与施工监督相结合，安全预控与过程监督相结合，安全监理工程师巡视与现场监理人员检查相结合的施工安全监督工作制度。在健全审查核验制度、检查验收制度和督促整改制度基础上，完善工地例会、安全定期检查及资料归档制度，针对薄弱环节及时提出整改意见，并督促检查落实。

（5）重庆市水利投资（集团）公司要督促工程各施工单位、监理单位建立健全施工现场安全生产保证体系，督促落实各项安全管理措施。加强安全生产投入的督促检查，确保安全生产投入专款专用。

四、华能四川水电有限公司宝兴水电站"6·26"压力钢管安装台车坠落事故

（一）事故简述

6 月 26 日，中国水利水电建设集团公司第七工程局的分包单位四川金周安装工程有限公司，在华能四川水电有限公司宝兴水电站进行斜井压力钢管对接和焊接过程中，压力钢管安装台车坠落，造成 4 人死亡。

（二）事故经过

2008 年 6 月 25 日，按照宝兴水电站机电安装项目部方案要求，压力钢管安装班作业人员按部就班进行宝兴水电站引水系统斜坡段 116 节桩号管（0+225）与 117 节桩号管（0+229）压力钢管安装，该安装工作分压力钢管组装和压力钢管焊接两个组，即：铆工组和焊工组，铆工组白天将压力钢管内的安装台车固定好后，对压力管道进行对接，晚上焊工组对铆工组对接好的压力管道进行焊接。早晨 7:30，铆工组作业人员王××（组长）、李××、何×、周××（卷扬机司机）四人吃过早饭后，王××带领李××、何×（周××坐车到斜井洞顶进行卷扬机操作）徒步从 8 号支洞到斜井底部，然后徒手爬上坡度为 60°的斜井梯子到达压力钢管安装台车上（安装台车位于斜坡段 115 节上部）。首先，作业人员将挂在压力管道上的卷扬机绳取下吊住安装台车后，通过对讲机通知卷扬机司机周××提升安装台车，在卷扬机钢丝绳受力后停止，作业人员将安装台车两侧固定的钢筋切割开；再次通过对讲机通知卷扬机司机周××提升安装台车，在固定安装台车的钢丝绳不受力后停止，取下固定安装台车的钢丝绳，随后王××用对讲机通知卷扬机司机周××将台车提升到斜坡段 116 节上部适合作业的位置后，叫周××将卷扬机停住不动，王××等三人开始固定安装台车。首先，王××将固定安装台车的钢丝绳的一端穿过安装台车上的工字钢和钢丝绳的另一端一起通过 U 形卡扣固定在压力管道内壁底部吊耳上，随后王××用对讲机通知周××将安装台车缓慢下降到该钢丝绳受力后，稳住卷扬机不动，何×开始用 Φ18 圆钢焊接固定台车的左边，王××焊接固定右边。10:00 左右台车固定完毕后，王××

等三人取下卷扬机钢丝绳开始下放对接安装第 117 节压力管道，至 17:00 左右铆工组对接安装完第 117 节压力管道后下班。焊工组张××（组长）、曹××、王小×、张志×四人于 18:30 左右开始上班作业。

26 日 8:00 左右，铆工组王××、李××、何×三人和过去一样开始进洞到斜井进行压力管道的安装，当他们走到压力管道下平段时发现洞内的灯已熄灭，王××打着手电继续往里面走，大概走了 20m 左右，发现安装台车掉落到压力管道的下弯处。他立即转身跑出隧洞给压力管道安装班长唐×打电话报告，随后王××又跑进隧洞内和何×、李××一起通过安装台车中间的进出口进入压力管道的下弯处，用电筒一照发现在管道的下弯处躺着 4 个人。8:25 左右宝兴水电站机电安装项目部领导在接到事故报告后相继赶到现场，并立即安排清理台车上的物品、恢复照明，8:40 左右救护车也赶到现场，全面展开救援工作，10:30 左右经法医现场检查，确认四人均已死亡。

（三）事故原因

1. 直接原因

压力钢管安装台车两侧 ϕ18 固定圆钢和安装台车中部固定钢丝绳断裂，导致 4 名作业人员随同安装台车一起坠落，是本次事故的直接原因。

2. 间接原因

（1）金周公司管理不到位、人员不到位、规章制度不健全、作业人员安全意识淡薄是本次事故的间接原因之一。

1）金周公司作为斜井压力钢管对接、焊接工序的分包单位，没有在施工现场设立相关管理机构，施工现场没有设置专职安全管理人员，没有相应的规章制度和安全技术操作规程；而是以该工程量小（约 30 万元左右）为由安排一个只具有焊工资质的作业人员进行全面管理和具体组织施工。

2）作业人员安全意识淡薄，违章操作。经查，铆工组作业人员在固定安装台车时违章操作，使用不合格钢丝绳，且未在钢丝绳与工字梁棱角之间用半圆管皮衬垫，而是直接绕在工字梁上，也未将安装台车两侧钢丝绳作为辅助锁定；安装台车与钢管内壁固定焊接作业人员均未取得焊工特种作业人员操作证。

3）经查，金周公司从未对作业人员进行过安全教育和培训，未建立作业人员培训档案。

（2）水电七局宝兴水电站机电安装项目部编制的《压力钢管安装台车锁定补充施工方案》存在缺陷，安装台车设计不规范，安全管理人员安排不合理且专职安全管理人员无安全资格证书，对作业人员的安全教育培训不足，同时作为总承包单位，对分包单位金周公司在生产现场的施工安全管理不到位，是本次事故的间接原因之一。

1）《压力钢管安装台车锁定补充施工方案》要求把台车两侧钢丝绳作为辅助锁定，由于该钢丝绳一旦作为辅助锁定，必将跨越焊工将要施工的焊缝，严重影响作业人员进行焊接作业，因而造成该《方案》中的安全措施没有落实。

2）压力钢管安装台车作为一重要生产辅助设施，仅由水电七局宝兴水电站机电安装项目部项目副经理、总工吕××设计，在无审核、批准的情况下投入生产和使用。

3）水电七局宝兴水电站机电安装项目部专职安全员只有高×（女）一人，且本人以前从未从事过施工现场安全管理工作，也无安全资格证，仅仅在上岗前于 2007 年 9 月在彭山青龙技校参加了为期 6 天的企业内部"安全员岗前培训"，加之安装台车离地面较高，一个女同志从爬梯上下困难，从而导致压力管道安装台车日常安全检查形同虚设。

4）调查发现，水电七局宝兴水电站机电安装项目部安全管理人员在钢管安装到 30～40m 高时到达过安装台车，随后因安装高度的上升，再也没有一个安全管理人员到作业面进行过安全检查，致使对压力钢管的对接和焊接工作的安全监管处于空当中，导致对固定安装台车的钢丝绳出现的安全隐患和金周公司作业人员的诸多违章行为没有及时发现，尤其是未发现使用不合格钢丝绳。

5）经查，水电七局宝兴水电站机电安装项目部对新进场作业人员的安全教育培训仅有 8～12 学时，不符合国家有关规定。

（3）中国水利水电建设工程咨询北京公司作为监理单位未充分履职尽责，现场监理不具备监理工程师资质，安全监理无安全资格证书。缺乏工作经验，对水电七局在施工中诸多违章行为没有及时制止，是本次事故的间接原因之一。

1）监理单位的现场监理不具备监理工程师资质。经查，现场监理岳××仅持有中国水利工程协会颁发的监理员从业资格证书，无监理工程师证书，但监理单位将其定岗为金属结构现场监理工程师。

2）监理单位的安全监理无安全资格证书、缺乏工作经验。经查，安全监理工程师石××持有"全国监理工程师培训班"结业证；无监理工程师证书，无安全资格证书，且在本项目工作之前一直在水电一局从事行政管理工作，仅于2008年2月26日～3月3日在公司内部接受了7天安全培训，缺乏安全工作经验。

3）监理单位未履行其监理职责。经查，监理单位总监和安全监理工程师从未到压力钢管的对接和焊接作业面进行过安全检查，现场监理岳××在现场检查发现作业人员未将辅助钢丝绳锁定时，未强制要求整改、未下发监理指令，也未及时向安全生产监督部门和有关部门报告，尤其严重的是未发现使用不合格钢丝绳。

4）监理单位对水电七局宝兴水电站机电安装项目部编制的《压力钢管安装台车锁定补充施工方案》存在缺陷，安装台车设计不规范，安全管理人员安排不合理，对作业人员的安全教育培训不足等问题；没有及时发现并督促其整改。

（四）防范及整改措施

1. 水电七局

（1）鉴于金周公司在宝兴水电站未设置管理机构，也未派驻管理人员，且分包工程量较小，建议水电七局宝兴水电站机电安装项目部终止其分包工作。

（2）安装台车按程序重新进行设计，要有设计说明书，设计完毕后要组织专家组对作业人员上下安装台车、安装台车固定的合理性、可靠性、安全性进行评审、论证，出具专家意见书，并报监理审批，确保在使用过程中的安全。

（3）在恢复施工前，必须对卷扬机、定滑轮、动滑轮、钢丝绳以及各固定地锁进行一次全面检查，存在不安全因素的要坚决整改，在整改未完成前，不得恢复压力钢管的对接和焊接工作。

（4）建立压力钢管安装工序安全检查制度，制定详细的安全检查表，检查工作要落实到责任人，每次检查必须做好检查记录。

（5）专职安全员高×作为一名女同志，不适合从事隧洞内和高处作业的安全监管工作，建议调整其职责范围。另外增加专职安全管理人员，负责洞内和高处作业的安全监管工作。

（6）严格按照国家有关规定，抓好作业人员的三级安全教育培训工作，建立健全培训档案，全面提高作业人员的安全意识和自我保护意识。

2．监理单位

（1）压力钢管安装恢复施工前，监理单位要督促水电七局按照上述 6 条防范措施及整改建议进行认真整改，并逐项进行验收。

（2）监理单位要加强自身队伍管理。切实履行监理职责。对不具备监理资质和对工作不负责任的监理人员要予以解聘。

3．建设单位

（1）建设单位要加强对监理单位的管理，督促监理按照合同和监理规范开展监理工作，同时建议建设单位对监理人员的资质情况和到岗到位情况进行一次全面检查，对资质不符合合同要求的要坚决予以驱逐，按工期、合同应到位的必须全部到岗到位。

（2）加强安全管理队伍建设，安全管理人员必须持证上岗。

4．行政主管部门

（1）雅安目前在建水电建设工程较多，基本上都在山沟中，作业环境较差，而且目前已进入汛期，安全生产形势严峻，各有关主管部门要加大对水电建设施工现场的监管力度，加大执法检查力度，强化企业的主体责任，同时对重点企业的重点部位、重点人员要重点管理，对在检查中发现的问题要严肃处理，决不能心慈手软。

（2）行业主管部门要认真履行职责，尽快提高监管人员的业务水平，使专业技能与职责相适应。

五、四川省投资公司田湾河开发有限公司金窝水电站"8·14"脚手架垮塌事故

（一）事故简述

8 月 14 日，中国水利水电建设集团公司第五工程局在四川省投资公司田湾河开发有限公司金窝水电站斜井搭设砼输送泵管支架时，脚手架突然垮塌，造成现场施工人员 3 人死亡，4 人受伤。

（二）事故经过

2008 年 7 月 31 日，七分局田湾河施工局发生泥石流自然灾害，造成 5 人死亡、前往中二平段的施工道路被毁、5 号支洞淤泥淤积。至 2008 年 8 月 12 日，被毁施工道路得以恢复，支洞淤泥清除完毕，8 月 14 日晚，赵××通知金×安排加班拆除余下的三根泵管，因洞内水较大，作业人员不愿加班。金×向梁××汇报后，梁××安排金×向赵××汇报，要求购买雨衣。

20:00 左右，张×贵、张×春、赵×、王×、樊××、张×玉、张云×、张×等 8 人从中二平洞进入中斜井，其中 2 人爬到最高处拆除绑扎泵管，其余 6 人沿脚手架均匀分布传递泵管，站在最下面（弯管以上 10m）的是张×贵。至 22:20 左右，张×贵等 8 人已拆除一根泵管，正准备拆除第二根泵管时，张×贵突然感到脚手架动了一下，立即抓住钢管往下滑，下滑了 4～5m 后，抬头看见上面一片灰，他又赶快往下滑，滑过弯管处时，整个脚手架从弯管上部发生整体坍塌。张×贵跑到中二平段与 5 号支洞交界处关掉电源后叫在中二平段另一端进行压力管道安装的另一名作业人员出洞报告水电五局项目部，随后张×贵拿了一支手电筒进洞查看，但在当时情况下，张×贵一人无法施救。

接到事故报告后，水电五局项目部立即向石棉县有关部门报告并组织人员赶到现场施救。由于脚手架发生坍塌后，坍塌下的钢管堆积在一起，一些钢管已扭曲成麻花状。搜救至 23:50 左右，张×春、赵×、樊××三名伤者被救出并立即送医院救治，随后 20min 左右，王×被救出送往医院。由于斜井内（面积 10.17m²）空间狭窄，脚手架变形堆积，施救比较困难，直至 8 月 15 日 9:40，张×玉、张云×、张×三人方被清理出来，经医务人员现场确认已经死亡。

（三）事故原因

1. 直接原因

（1）金窝水电站 JCII 标压力管道中斜井 7 月 26 日在放炮处理欠挖时，崩落岩石掉入压力钢管内造成脚手架在弯管以上 20m 左右处受损变形且加固不到位，是本次事故的主要直接原因之一。

金窝水电站 JCII 标压力管道中斜井在弯管以上 20m 左右处，由于在开挖过程中欠挖，致使压力钢管无法安装。7 月 26 日，田湾河施工局总工程师朱××安排张×贵等 3 人用爆破方式处理欠挖。在爆破过程中，崩落岩石掉入压力钢管内，造成脚手架在弯管以上 20m 左右处受损变形。在接到报告后，朱××于 7 月 27 日安排张×贵等人对脚手架进行加固，但在加固过程中，由于钢管弯曲变形，钢管搭接未按规定使用扣件，而是采用铁丝绑扎，导致加固未起到作用。

（2）混凝土输送泵管安装不合理，在使用过程中脚手架造成损坏，是本次事故的主要直接原因之一。

混凝土输送泵管在安装过程中直接放置在脚手架下横杆上，并用铁丝绑扎。在泵送混凝土过程中，由于泵管震动较大，而脚手架扣件螺丝无防震措施，扣件螺丝极易松动，加之脚手架在压力钢管上部无固定点，造成脚手架松动失稳。在浇筑回填混凝土过程中，脚手架未发生坍塌，脚手架顶部四角和泵管顶部的五个手动葫芦起了很大的作用。

2. 间接原因

（1）水电五局田湾河施工局在没有施工方案的情况下更改中斜段回填混凝土浇筑施工方式，在压力钢管内搭建脚手架时未进行载荷计算，也未制订搭设方案，架子工无证上岗，脚手架搭设完毕和在受损变形加固后未组织检查验收，是造成本次事故的间接原因之一。

1）2007 年 8 月 10 日，田湾河施工局报监理批准同意的《压力管道砼施工方案》规定，金窝水电站中一平段和中斜段回填混凝土采用从中一平段往下泵送混凝土方式进行浇筑，按此方案施工，不需在斜井内搭建脚手架。2008 年 3 月中旬，中一平段浇筑首仓混凝土后，经测算按原方案施工，不能满足工期要求。3 月 29 日，金结工序完成中斜段下部 30m（含下弯段）压力钢管的安装后，田湾河施工局安排进行脚手架搭设和泵管安装固定，并于 4 月 6 日～10 日进行了回填混凝土浇筑；在金结工序又完成 90m 压力钢管的安装后，田湾河施工局再次于 5 月 20 日～6 月 1 日安排进行脚手架搭设和泵管安装固定。6 月 5 日开始回填混凝土浇筑；在此施工期间，田湾河施工局没有对更改中斜段回填混凝土浇筑施工方式做施工方案。

2）针对压力钢管内搭建脚手架，水电五局田湾河施工局未进行载荷计算，也未制订搭设方案，而是由田湾河施工局总工程师朱××现场指导作业人员进行搭建。

3）脚手架搭设完毕后，田湾河施工局未组织自检验收，也未向监理公司申请检查验收，而是自行投入使用；7 月 26 日，在处理欠挖过程中崩落岩石造成脚手架受损变形，7 月 27 日朱××安排张×贵等人对脚手架进行加固后，未进行检查验收，导致采用铁丝绑扎钢管的违章行为没有被发现纠正。

4）脚手架搭设人员和加固人员均无特种作业操作证。

（2）水电五局田湾河施工局内部管理混乱，管理人员未履职尽责，未设置专职安全管理人员，其他安全管理人员无证上岗，对作业人员的安全教育培训不足，作业人员安全意识淡薄，是造成本次事故间接原因之一。

1）中斜井压力钢管安装，回填混凝土浇筑施工管理混乱，从 2008 年 3 月开始施工至事故发生一直未制定具体的脚手架搭设和泵管安装固定施工方案和专项安全技术措施，仅由总工程师朱××凭工作经验指导作业人员进行脚手架搭建和泵管固定，但包括施工局副局长余××在内的各级管理人员对此没有提出任何意见。

在脚手架搭建过程中，田湾河施工局没有管理人员就脚手架搭建质量进行过检查。脚手架搭建高度超过 30m 后，直至 120m，田湾河施工局管理人员仅在开盘浇筑回填混凝土时去过一次，脚手架搭建、泵管安装固定处于无人管理状态。

2）在"7·31"事故中，主持田湾河施工局工作的余××的弟弟和朱××均在事故中遇难，余××一直在石棉处理事故善后工作，于 8 月 5 日请假回家。七分局局长母××安排七分局副局长喇××主持田湾河施工局工作，赵××主抓技术和现场管理，余××在离开石棉时未与喇××、赵××进行工作交接，使施工管理工作脱节。

在"7·31"事故之前，喇××在四川西昌布托西溪河项目部上班，事故发生后于 8 月 1 日凌晨赶到田湾河协助处理事故，对金窝水电站工程施工情况不了解。8 月 1 日 19:30，母××在会上安排喇××主持田湾河施工局工作后，喇××未组织排查工区隐患，而是盲目安排恢复施工。

赵××于 2005 年 7 月到田湾河施工局上班，主要负责大发Ⅲ标，没有参与金窝水电站的施工现场管理，也不了解金窝水电站中斜井施工情况。在被安排主抓金窝水电站施工技术和现场管理工作后，未对原有施工方案、措施进行查阅、检查，也未对施工现场进行检查。

3）水电五局七分局未在田湾河施工局任命专职安一员，原任命的专职安全员张×已被安排到其他项目部上班。兼职安全员金×仅持有水电五局颁发的"合格证"，未持有"安全资格证书"。

4）对作业人员的安全教育培训不足，作业人员安全意识淡薄。水电五局七分局田湾河施工局对作业人员安全教育和培训不足，未建立健全作业人员培训档案，泵管安装和拆除时未向张×玉等 8 名作业人员进行安全技术交底；在调查过程中，个别伤员反映，斜井内脚手架搭设极不规范，迟早要出事，但该伤员在事故发生之前从未向任何人反映，而且还冒险进入斜井内作业，直至事故发生。

（3）四川二滩国际咨询有限公司未充分履行其监理职责，监理人员无证上岗是造成本次事故的间接原因之一。

1）监理单位对田湾河施工局在没有施工方案的情况下，擅自更改中斜段回填混凝土浇筑施工方式、擅自组织脚手架搭设和泵管安装，且在未组织检查验收的情况下投入使用以及没有专职安全管理人员、特种作业人员无证上岗、脚手架搭接使用铁丝绑扎等问题，监理单位没有要求其进行整改、没有下发监理指令、未下发停工通知，也未向政府有关职能部门报告。

2）现场监理人员和专职安全监理工程师在脚手架搭建到 20～30m 时到过现场，但均未对脚手架进行专门的安全检查，且事故发生当天，现场监理人员、专职安全监理工程师没有人员到过事故现场。

3）经查，现场监理员任××未持任何证书，属无证上岗。

（四）防范及整改措施

1．建设单位

（1）四川川投田湾河开发有限责任公司虽然在安全生产方面做了大量行之有效的工作，但其投资建设的田湾河梯级电站已多次发生责任事故和自然灾害，下一步应立即组织参建各方对其投资建设的水电站进行一次拉网式的安全隐患排查，消除安全隐患。

（2）督促监理单位严格按照监理合同和监理规范履职尽责，坚持"工期服从于安全"的原则。

2．施工单位

（1）水电五局必须对现有《施工方案》和《专项安全技术措施》进行清理，对不符合施工需要的要予以修改完善。

（2）如仍需在中斜井内搭设脚手架、安装泵管，必须进行载荷校验，制订施工方案，绘制施工图，组织专家进行论证，并报监理单位审批；如采取从中一平段向下输送回填混凝土方式施工，必须对施工方案进行细化，制定相应的安全措施，对相应的设备设施进行全面检查，确保安全施工。

（3）加强内部管理，加强人员配备，严格按照国家有关规定，对各施工作业面进行一次全面的安全隐患排查。

（4）抓好作业人员的三级安全教育培训工作，建立健全培训档案，全面提高作业人员的安全意识和自我保护意识，确实吸取事故教训，防止类似事故的再次发生。

（5）特种作业人员和安全管理人员必须持证上岗。

3．监理单位

（1）监理单位要督促水电五局按照上述 4 条防范措施及整改建议进行认真整改，并逐项进行验收。

（2）认真履行监理职责，在监理过程中认真把关，对施工方案审批时要严格把关，不得凭经验办事，对施工现场的违规行为要坚决予以制止。要加强自身队伍管理，做到监理人员必须持证上岗，对不具备监理资质和对工作不负责任的监理人员要予以解聘。

2009 年

一、华能海南东方电厂"4·30"锅炉吊装施工作业刚性梁组合件坠落事故

（一）事故简述

4月30日，江西省电力公司所属江西省火电建设公司的分包单位山东东方腾飞安装公司在华能海南东方电厂锅炉吊装施工作业中，发生刚性梁组合件坠落事故，造成4人死亡、3人受伤。

（二）事故经过

2009年4月30日下午，华能东方电厂2号锅炉建设工地，施工作业单位在进行2号机组前墙水冷壁螺旋段中部刚性梁组合件作业时，直接用塔吊将前墙水螺旋段中部刚性梁从炉膛内吊至标高23m处，由于塔吊不能直接将组件就位，就在距上方刚性梁1m处用挂在上方刚性梁上的5个5t和2个3t链条葫芦接钩，链条葫芦受力后塔吊松钩的刚性梁组件由2根刚性梁和10根校平装置组成，高8.5m，宽15.3m，重18.4t，安装标高在23.9m至15.3m。当时现场作业有8人，其中冉××、赵××、曹×、乔××、尹××、罗××、孙××7人站在刚性梁上拉葫芦，而冉××、赵××、曹×、乔××、尹××5人是把安全带挂在起吊的中部刚性梁上，罗××、孙××是把安全带挂在上部刚性梁上，另有组长张×在第一层燃料器平台上监护。约19:25，前墙水螺旋段中部刚性组合件基本拉到位，正准备与上部刚性梁连接时，19:35左右一个5t链条葫芦钩子断裂，导致刚性梁组件左侧坠落，下坠落性将其余几个链条葫芦的钢丝绳拉断，组件左侧先着地，垂直掉到零米地面。站在刚性梁上的冉××等5人由于安全带挂在刚性梁组件上也随着下坠落地，造成乔××、曹×、赵××、冉××4人当场死亡，孙××、尹××、罗××3人受伤。

（三）事故原因

1. 直接原因

施工作业单位未按审批的《作业指导书》实施，既擅自更改方案又没有采取相应的防护措施就进行吊装作业，当刚性梁组件不能直接就位时，自作主张使用了与吊装重量不符的链条葫芦，链条葫

芦起吊时因受力不均，致使左侧一个葫芦钩子发生断裂，导致 18.4t 刚性梁组件坠落。

2. 间接原因

（1）承建单位东方项目经理部监管不到位，制度不落实，对施工作业单位的违章操作行为未能及时发现并制止，对施工作业单位擅自改变吊装方案也未能发现并纠正。

（2）监理单位在施工作业单位 4 月 30 日下午的吊装作业时没有履行监理职责，事故发生时，现场监理人员不在岗位，没有及时发现施工作业单位错误的吊装方案，没有发现吊装时存在安全隐患。

（3）施工作业单位的现场施工人员安全意识淡薄，未按高空作业的要求正确使用安全带，同时又违章操作。

（四）防范及整改措施

（1）江西省火电建设公司东方项目经理部立即停止施工进行整治，对全体员工（含分包单位）进行一次全面的安全生产教育，并将情况报华能东方电厂和东方市安监局。

（2）各施工单位要高度重视安全生产，牢固树立科学发展观，加强施工作业现场的管理，进一步明确企业安全生产的主体责任，进一步建立和完善安全生产责任制，加强安全生产隐患排查治理；进一步加强对作业人员的培训，提高作业人员的安全意识和处置能力，严格按照操作规程文明施工、规范施工、确保施工质量。

（3）监理单位在监理过程中，要认真履行职责，充分发挥对施工作业的监理作用，对施工过程中发现的安全隐患及时要求施工单位进行整治。

（4）华能东方电厂筹建处要吸取教训、加强管理，并严格组织各参建单位进行一次彻底的安全隐患排查，建立完善的隐患排查机制，杜绝事故的发生。

二、四川华电木里河水电开发有限公司卡基娃水电站"5·10" T 形梁侧翻坠河事故

（一）事故简述

5 月 10 日，中国葛洲坝集团第五工程公司在四川华电木里河水电开发有限公司卡基娃水电站进行场内交通工程 5 号桥施工时，发生 T 形梁侧翻坠河事故，造成 5 人死亡。

（二）事故经过

2009 年 5 月 10 日 13:00 左右，葛洲坝集团第五工程有限公司卡基娃项目部桥梁作业队在现场进行 5 号桥预应力 T 形梁张拉作业，18:00 左右正要进行预制边梁剩下的最后一孔的预应力张拉时，两片梁以及底模、枕木、贝雷架横梁朝上游方向侧向坠入河中，造成 5 人死亡、4 人受伤。

（三）事故原因

1. 直接原因

（1）地震情况及天气环境：根据调查组对地震情况及天气环境等因素的分析，事故发生当日 0:18 分，据西昌地震遥测台网测定，木里县唐央乡（28.7°N，100.6°E）发生 M3.6 级地震，5 号桥施工地点正位于唐央乡境内，震感强烈，加上预应力张拉起预拱度的原因，引起 T 形梁斜撑松动；发生事故的 5# 桥地处高山狭谷地带横跨木里河，海拔高度近 2700m，属高原气候，其气候特点是下午时有阵风，事故发生时偶遇强阵风，对工人的操作影响较大，未能及时处理好松动的 T 形梁斜撑，致使 T 形梁失稳发生倾斜，随之倒塌。

（2）经事故调查组认定：工人在施工过程中，由于天气环境的影响，未能及时处理好松动的 T 形梁斜撑，致使 T 形梁失稳发生倾斜，发生倒塌，是造成此次伤亡事故的直接原因。

2. 间接原因

（1）葛洲坝集团溪洛渡施工局地厂三部项目经理万××，作为该工程项目的主要负责人，对左岸地下厂房 6# 压力管道竖井施工现场管理的组织落实不够，未能严格履行安全生产职责，对此次事故负有重要管理责任，违反《四川省安全生产条例》第三十五条之规定。

（2）葛洲坝集团溪洛渡施工局地厂三部安全员向×，对施工现场的安全管理不力，对此次事故负主要管理责任。

（四）防范及整改措施

（1）葛洲坝集团溪洛渡施工局要认真总结事故教训，立即开展事故发生段的隐患排查工作，排除隐患后要制定针对性的措施方可恢复施工，避免类似事故的发生。

（2）葛洲坝集团溪洛渡施工局要严格对工程施工人员进行安全教育培训，增强作业人员的安全防范意识；要针对此次事故发生原因，制定有效的安全措施，不断完善管理技术和手段，及时排查工程施工中的隐患，预防和减少事故的发生。

（3）葛洲坝集团溪洛渡施工局要进一步完善安全生产管理制度，发生生产安全事故后要严格按照《生产安全事故报告和调查处理条例》（国务院 493 号令）的规定上报。

三、国电集团太原第一热电厂 12 号锅炉过热器管道"6·24"疏水管管道爆裂事故

（一）事故简述

6 月 24 日，山西三合盛工业技术有限公司在国电集团太原第一热电厂 12 号锅炉过热器管道疏水管带压封堵过程中，疏水管管道爆裂，造成 3 人死亡。

（二）事故经过

2009 年 6 月 15 日 3:30，太原第一热电厂锅炉运行巡检员赵×检查发现 12 号机组 146m 下部东墙处有泄漏声，经锅炉分场技术人员确认为过热器疏水悬吊管南侧疏水管泄漏。6 月 23 日 17:00，太原第一热电厂检修公司管阀班技术员郑××联系山西三合盛工业技术有限公司吕××协商具体堵漏事宜，6 月 24 日 15:00，锅炉分场提出申请并填写《申请票》（编号：09F-423）（《申请票》作用：各相关职能部门在维修作业前的审批程序），经发电部运行单位张××、生技部张×、运调部门郝××和副总工程师岳××批准后，管阀班班长王俊×安排胡×填写《太原一电厂热力机械工作票》（编号：C-02010）（《太原一电厂热力机械工作票》作用：可以进行维修作业的最终确认程序），同时锅炉分场制发了《生产作业危险因素控制卡》（编号：C-02-010）。两票一卡齐全后，三合盛工业技术有限公司李艳×、李×（公司临时安排）、李晓×、王晓×等人即开始堵漏作业，但未完成。

21:00，李艳×、李×、李晓×、王晓×在太原第一热电厂食堂吃完饭后往堵漏作业现场返，途中李×因肚子难受去厕所解手，其余三人先于李×到达现场。21:22，李×解手完毕后乘电梯上到 12 号机组 46m 处，刚出电梯，就听见"嘭"的一声响，赶紧去 46m 的平台去查看，看见平台上全是灰尘，而李艳×等三人已不知去向，便立即向运行室跑去，通知运行人员；此时，太原第一热电厂监查人员发现主汽流量与主汽压力同时下降，巡检员郭×汇报锅炉房内响声大，判断为锅炉承压部件发生外漏，向发电部运行车间值长安××汇报，并申请停炉，当时机组电负荷为 276MW，主汽压力为 16.2MPa，主汽流量为 890t/h。21:25，巡检员郭×现场检查发现锅炉房 35m 处有大量蒸汽泄漏，当即向发电部运行车间单元长姚××作了汇报。

随后，太原第一热电厂立即启动事故应急预案，经过 35min 的紧急搜寻，分别在 12 号机组 35m 平台和水平 43m 处找到李艳×、李晓×、王晓×三人，经 120 医务人员确认，三人均已死亡。

（三）事故原因

1. 直接原因

山西三合盛工业技术有限公司员工在作业过程中，对母材违章焊接、点焊起弧、锤击、撞击、卡压，致使泄漏源快速扩展，最终形成材料脆性断裂，喷出高温高压蒸汽灼烫致死，是事故发生的直接原因。

2. 间接原因

（1）山西三合盛工业技术有限公司职工安全意识不强，未能严格执行《电力安全生产规程》及本公司《安全技术操作规范》的有关规定，违章作业，是事故发生的主要原因。

（2）山西三合盛工业技术有限公司，未对李晓×、王晓×进行专业技术培训并取得合格证书，管理不严，也是事故发生的主要原因之一。

（四）防范及整改措施

1. 山西三合盛工业技术有限公司

（1）在今后的工作中应加强对员工的教育培训，强化安全意识，确立安全理念，消除侥幸思想，将 6 月 24 日事故作为企业每年的安全教训日，警钟长鸣。

（2）建立健全安全规章制度；深刻吸取事故教训，严格按章办事，杜绝发生类似事故。

（3）加强特种作业人员技能培训，所有从事危险作业的人员按规定必须做到持证上岗。

2. 太原第一热电厂

（1）深刻吸取本次事故教训，举一反三，在全厂上下开展一次思想大讨论，进一步强化安全意识。

（2）扎扎实实开展隐患大排查、大整治活动，将事故消灭在萌芽状态，坚决杜绝发生类似事故。

（3）加强对外包单位的资质审查，作业现场的检查、把关要严格，监管要到位，使有关的安全规章制度和协议真正落到实处。

四、湖北省电力公司 110kV 襄石电气化铁路枝江牵引站线路施工"9·17"铁塔倒塌事故

（一）事故简述

9 月 17 日，湖北省宜昌三峡送变电工程公司的分包单位宜昌德文送变电工程有限公司在湖北省电力公司 110kV 襄石电气化铁路枝江牵引站线路施工中，发生铁塔倒塌事故，造成 3 人死亡、1 人重伤。

（二）事故经过

2009 年 3 月 5 日开工，由三送公司承建的 110kV 襄石电气化铁路枝江牵引站线路工程在枝江市董市镇桂花村与原 220kV 猇枝线 76 号拉 V 塔相遇，新建的 110kV 襄石电铁枝江牵引站线路工程的塔高为 36m，原 220kV 猇枝线 76 号铁塔的塔高为 21m，为保障 220kV 猇枝线的安全运行，须将原 76 号铁塔升高至 42m，将废弃的原 76 号拉 V 塔交给辅助施工单位德文公司进行拆除。

2009 年 9 月 17 日 6:30，德文公司曾×成、曾×柏、张××、吴××、廖如×爬到废弃的猇枝线原 76 号拉 V 塔上搭接临时拉线，廖德×负责在地面固定临时拉线。在塔身离地高 15m 处固

定好 8 根临时拉线后，剪断了原塔顶的 8 根拉线，开始拆除塔顶钢构件，到 11:00 左右，一个塔顶部位的 6m 钢构件拆除完毕。此后，已拆完的一端开始将临时拉线向离地 9m 高处转移，在转移过程中由于地面操作人员操作失误，导致临时拉线扣件滑脱，塔体瞬间倒塌，造成 2 人当场死亡、1 人送医院途中死亡、1 人重伤。

（三）事故原因

1. 直接原因

操作人员违章操作、冒险蛮干、安全管理不到位是导致事故发生的直接原因。

2. 间接原因

（1）现场施工违反书面安全技术交底的要件要求。

（2）现场施工人员有电网进网操作证，但部分人员无登高作业资格证书。

（3）德文公司安全管理责任制不落实，无专兼职安全管理人员，安全措施不力，现场安全管理不到位。

（4）从业人员安全意识淡薄，部分作业人员没有拆除经验。

（5）三送公司现场安全监管和技术指导不到位。

（四）防范及整改措施

（1）德文公司要深刻吸取事故教训，举一反三，研究制定针对性强的安全生产措施。

（2）德文公司要落实安全生产主体责任，配备专兼职安全管理人员，完善安全规章制度和操作规程。

（3）加强从业人员安全教育培训，提高全员安全意识，提高全员防护技能，确保员工持证上岗，严格按规范要求作业，从源头杜绝事故隐患。

（4）加强施工现场安全监管，加大事故隐患排查治理力度，确保生产安全。

（5）三送公司要加强外施队伍的监督管理，落实各项规章制度，坚决杜绝"三违"现象发生，督促施工单位安全、文明生产。

五、中电投山东海阳核电站建设工程 1 号常规岛施工 "10·2" 设备基础钢筋倒排事故

（一）事故简述

10 月 2 日，山东省电力公司所属山东电建一公司的分包单位山东稳远建设有限公司在中电投山东海阳核电站建设工程 1 号常规岛施工过程中，设备基础钢筋发生倒排事故，造成 5 人死亡、3 人重伤、18 人轻伤。

（二）事故经过

2009 年 10 月 1 日 16:00，承建山东海阳核电工程项目的山东电力建设第一工程公司的分包单位山东稳远建设有限公司在一号常规岛主厂房汽轮机基座钢筋绑扎施工过程中，该公司的项目经理陆××向山东电力建设第一工程公司技术员肖××提出要拆除已承受载荷但影响竖向钢筋绑扎施工的钢管支架，肖××未提出反对意见。10 月 2 日 6:00，陆××安排张代×、郭××、张洪×等人开始拆除钢管支架，并要求他们先加固再拆除，随后其离开工地联系钢筋事宜。9:00，当陆××回到工地后发现工人拆除部分钢管支架而未采取加固措施，正在制止时发生了倒排事故，致使 26 名正在作业的工人被倒排的设备基础钢筋砸倒，后经全力抢救，确认 5 人当场死亡，3 人重伤，18 人轻伤。

（三）事故原因

1. 直接原因

山东稳远建设有限公司没有按照批准的施工技术方案施工，并且对钢管支架支撑施工技术方案未提出新的书面施工技术方案并按程序申报批准，在未采取任何安全措施的情况下，拆除部分已经承受载荷的钢管支架，引发整体钢管支架失稳，造成倒排事故的发生。

2. 间接原因

（1）山东电力建设第一工程公司在未征得建设单位山东核电有限公司和监理单位中电投电力工程有限公司书面认可的情况下，将工程分包给不具有相应资质的山东稳远建设有限公司，并对违规施工行为未予制止。

（2）中电投电力工程有限公司作为建设单位委托的监理单位，

对违法承揽工程进场两个月之久的山东稳远建设有限公司的施工行为，没有及时发现和制止；对事故发生涉及的两个重大危险源未制定有针对性的监理措施并予以落实。

（3）山东核电有限公司作为建设单位，未对监理单位和施工单位实施有效的监督管理，对双方的失职行为未及时发现和纠正。

（四）防范及整改措施

（1）山东核电有限公司要认真落实国家核安全局 2009 年 10 月 3 日下达的《暂停海阳核电站现场建造活动的通知》要求，立即进行事故自查，并停止现场工程建造（核岛基础混凝土养护除外），在事故根本原因未查明、未完成整改、未获得批准前，不得复工；要加强对合同履行情况和施工过程的跟踪检查，认真履行对项目施工负总责的责任，加强项目工程施工的全过程管理。

（2）山东电力建设第一工程公司要吸取事故教训，杜绝违法分包行为发生。在全公司开展隐患排查治理活动，认真查找事故隐患和管理中存在的薄弱环节，及时采取各项安全防范措施，杜绝各类生产安全事故的发生。同时要继续做好伤员的治疗和伤残的评定工作。

（3）中电投电力工程有限公司对该项目监理执行的是质量计划监管办法，该办法是国际惯例，通过选择控制点进行监理控制，但监理文件中缺少现场旁站监理方案，也没有明确旁站范围、内容、部位和监理人员的职责。这次事故的发生表明《质量计划书管理办法》虽然有其优点，但不适合我国的国情，监理单位应取长补短，按照《建设工程质量管理条例》、《建设工程安全生产管理条例》和《建设工程监理规范》等法律法规和国家标准，健全完善监理文件，进一步明确监理责任，确保施工安全。

（4）山东电力集团总公司要加强下属单位的安全管理工作，定期召开安全生产例会，部署各项安全生产工作，要督促和指导下属单位制订并落实各项安全防范措施，及时消除各类事故隐患，有效防止各类生产安全事故的发生。

2010 年

一、华能海门发电厂侧煤仓施工"3·17"操作平台坍塌事故

（一）事故简述

3月17日，浙江省二建建设集团有限公司的分包单位浙江豪邦建设有限公司施工人员在华能海门发电厂侧煤仓施工过程中，在28.7m层平台进行钢板搬移时，操作平台突然坍塌，8名施工人员坠落至17m楼面，造成6人死亡、2人受伤。

（二）事故经过

2010年3月17日13:45，华能海门电厂燃料系统施工工地，作业工人在侧煤仓间28.7m层4号操作平台进行钢板搬移工作时，突然发生了操作平台坍塌事故，在平台上作业的8名工人随钢板一起坠落至17m层平台，造成4人当场死亡，2人在抢救途中死亡，2人重伤。

（三）事故原因

1. 直接原因

浙江豪邦建设有限公司钢结构作业队违章作业，在侧煤仓间4号操作平台上未按要求搁置槽钢，致使平台整体稳定性差，并在该操作平台上超量、集中堆放钢散件，造成平台局部超载、失稳坍塌。

2. 间接原因

（1）浙江豪邦建设有限公司施工现场安全措施不落实，场地标志不规范，工前交底人员缺漏。

（2）浙江省二建建设集团有限公司对其属下电建分公司组建的华能海门电厂项目部安全监管不力；对华能海门电厂项目部安全生产责任制不落实，对分包的燃料系统侧煤仓间钢煤斗安装施工工地隐患排查缺位。

（3）广东天安工程监理有限公司现场监理人员履行监理职责不到位，对施工单位施工搭建侧煤仓间4号操作平台未按要求搁置槽钢监理缺位。

（四）防范及整改措施

（1）浙江省二建建设集团有限公司、浙江豪邦建设有限公司要高度重视安全生产工作，进一步明确企业安全生产的主体责任，

真正将安全生产责任制落实到每个岗位、每个员工；要切实加强施工现场安全管理，建立和完善各项现场管理规程，特别对容易造成高处坠落事故的"预留洞口、电梯井口、脚手架"等，要按规定做好临边围护，并张贴安全警示标志；要定期组织安全生产管理人员、工程技术人员和其他相关人员排查项目工程施工的事故隐患，并落实安全技术措施，及时消除隐患；要进一步加强从业人员安全教育、业务技能培训，提高施工人员安全意识和自我保护能力，严格按照操作规程文明施工、规范施工，确保施工质量安全。

（2）广东天安工程监理有限公司要严格按照《中华人民共和国建筑法》和《建设工程安全生产管理条例》的有关规定，依法履行监理职责，切实加强对施工企业安全生产的监督检查，特别要落实施工企业制订的安全技术措施和专项施工方案的审查，对工程施工重点部位及关键环节把好监理关，及时消除安全隐患；要强化安全生产基础建设，督促施工企业健全安全生产规章制度和操作规程，落实企业主体责任。

（3）华能海门电厂要切实将电厂项目工程的安全生产管理作为本厂安全生产工作的重要组成部分，加强领导，落实责任，认真督促承建单位采取有效措施，全力确保项目工程安全。

（4）潮阳区政府要吸取华能海门电厂"3·17"燃料系统施工较大事故教训，切实加强辖区建筑工地安全生产的监督检查，强化行业（领域）安全生产责任制落实，严防类似事故的发生。

二、华能白山煤矸石电厂建设工地 1 号机组脱硫安装工程"10·6"塔吊倾覆事故

（一）事故简述

10 月 6 日，东北电业管理局第三工程公司第一分公司在华能白山煤矸石电厂建设工地 1 号机组脱硫安装工程中，租用抚顺市博研建筑机械设备租赁处塔式起重机一台，并委托该公司进行 16t 塔吊安装（拆除）作业，在塔吊顶升作业过程中，塔吊上部突然倾覆，造成 5 人死亡、1 人重伤。

（二）事故经过

东北电业管理局第三工程公司第一分公司承包的白山煤矸石电厂 1 号机组烟气脱硫安装工程，于 2010 年 9 月 5 日开工建设。因无起重设备，经与抚顺市博研建筑机械设备租赁处协商，租用其 QTZ250 自升式塔式起重机一台。

9 月 5 日，由东北电业管理局第三工程公司第一分公司会同负责塔吊安装的技术人员编写了 QTZ250 塔式起重机安装与拆除《施工作业指导书》，于 9 月 10 日通过了白山煤矸石电厂项目监理部的审批后，抚顺市博研建筑机械设备租赁处将塔吊及安装设备运送到施工现场。

9 月 23 日，经东北电业管理局第三工程公司第一分公司及长春国电建设监理有限公司白山煤矸石电厂项目监理部的资质审核后，8 名安装人员进入施工现场，项目部对 8 名安装人员开展了"三级教育"。9 月 24 日，由安装该塔吊技术负责人戴××对其他安装人员进行了技术交底。

9 月 25 日，抚顺市金重起重设备租赁有限责任公司法定代表人李××和抚顺市博研建筑机械设备租赁处法定代表人范××的丈夫吕××到白山市质监局办理了塔吊安装作业前的告知手续后，开始进行塔吊安装作业。

10 月 6 日，安装人员开始进行塔吊第 7、8、9 节标准节的顶升作业。王×（现场安装负责人）在第二层平台指挥安装作业，司机刘×在操作室内，王福×在平台操作液压装置，闫吉×、张海×、闫树×、张×在平台进行穿销轴作业，技术负责人戴××在地面指挥。在安装作业过程中，安全副总监理常××（兼该现场安全监理）在现场实行旁站式监理，并于 11:00 离开安装现场。12:00 左右，在地面指挥的戴××曾两次打电话催促在塔吊上的作业人员下来吃饭，王×表示安装完成后再吃饭。12:30 左右，安装人员在第 9 标准节与过渡节未完全连接固定的情况下，将套架提升到了顶部。并未锁定起重臂，进行了回转作业。当时塔吊总高 60m，在 45m 高处以上（每节标准节高度 5m）包括顶升套架、塔帽、起重臂、平衡臂等构件突然发生坠落，在塔吊上作业的 7 人中，除张×抱住塔身外，其他 6 人随塔吊上部全部摔落到地面。现场其他人员立即将事故向项目部进行了报告，并报白山市 120 急救中心。经医各人员确认，王×、刘×、闫吉×、张××四人当场死亡，闫树×、王福×两人重伤。后闫树×经抢救无效，于当天 15:30 死亡。

（三）事故原因

1. 直接原因

在塔吊安装顶升作业过程中，由于现场作业人员的连续违章操作，使塔吊上部失衡，导致该塔吊上部倾覆坠落。

1）过渡节与第九标准节上部 8 个销轴连接未全部固定的情况下进行了提升套架作业。

2）绑挂的平衡标准节所处的位置幅度过小，致使塔机上部平衡不佳。

3）使用一根已经报废的钢丝绳吊索绑挂平衡作用的标准节，且绑挂在标准节的腹杆上。

4）在顶升过程中进行了回转作业。

2. 间接原因

（1）抚顺市博研建筑机械设备租赁处无起重机械安装资质，安装人员不掌握或不熟悉与起重机械安装相关的法律、法规、规章及其标准规范，且所持证件不齐全（缺少起重机械指挥、司索等资格证及人员，其中闫吉×所持有的电工操作资格证为假证、王×持建筑电工资格证安装塔吊属超作业范围、安装技术负责人戴××无塔吊安装指挥及司索操作证），违章指挥、违章作业。

（2）抚顺市金重起重设备租赁有限责任公司在与抚顺市博研建筑机械设备租赁处签订了安装和拆除合同，并没有安排本公司具备资质的相关专业人员进行安装作业与管理工作，属出租资质行为。

（3）东北电业管理局第三工程公司第一分公司安全管理存在严重漏洞，在明知抚顺市博研建筑机械设备租赁处无安装资质的前提下，对该公司利用抚顺市金重起重设备租赁有限责任公司资质而自行安装的行为及安装人员资格条件等审核不严，听之任之。安全生产监督检查不到位，没有认真履行安全管理职责。

（4）长春国电建设监理有限公司白山煤矸石电厂项目监理部没

有认真履行安全监理职责，对塔吊安装单位的资质、安装人员的资格及《施工作业指导书》审查不严，在塔吊安装作业中，也没有严格履行安全监理职责。

（四）防范及整改措施

（1）东北电业管理局第三工程公司第一分公司要认真吸取事故教训，严格落实安全生产方面的法律法规、规章标准及管理制度，严格落实各项安全保障措施。要加强安全教育培训工作，切实提高从业人员的安全素质和操作技能。同时，要对施工现场进行一次彻底的安全检查，对存在的安全问题和事故隐患立即整改。

（2）长春国电建设监理有限公司白山煤矸石电厂项目监理部要认真学习建设工程安全生产方面的法律法规、规章标准，认真履行安全监理职责，充分发挥工程监理单位在工程建设过程中的监理作用。要对整个项目建设中各单位的资质、人员资格及各工序施工组织设计进行全面的审核，对不符合相关规定的依法责令进行整改。

三、陕西省大唐渭河热电厂"11·13"供热管网施工调试人身伤亡事故

（一）事故简述

11 月 13 日，黑龙江省安装工程公司在进行陕西大唐渭河热电厂供热管网施工调试过程中，在热力井内进行排气作业时，发生 4 人死亡事故。

（二）事故经过

11 月 12 日 19:30，大唐渭河热电厂泾渭热力公司员工、泾河热网工程Ⅲ标段业主代表赵×，与黑龙江西安分公司热网工程Ⅲ标段安装队负责人何云×联系，协调当晚和第二天泾河热网工程Ⅲ标段管道加压、加热检测调试排气工作。何云×作为黑龙江省安装公司施工现场负责人，在明知施工作业仍在继续进行且没有其他管理人员可以接替的情况下，擅自离开管理岗位，安排所属施工人员陈伟×直接与赵×联系领受工作任务。

11 月 13 日 9:00，大唐渭河热电厂管网首站压力出现异常，需对泾河热网工程Ⅲ标段的 BJH5 热力井内设备情况进行检查，按照

12 日晚赵×和陈伟×协商的意见，赵×便通知黑龙江西安分公司泾河热网Ⅲ标段项目部施工人员陈伟×、陈×、董××3 人，要求对 BJH5 热力井进行检查排气。10:00，赵×、陈×及驾驶员侯××先行到达 BJH5 热力井处，陈×下车后随即打开该井西侧井盖便进入 BJH5 井内，在进入井内排气约 1min，陈伟×、董××也到达 BJH5 热力井处，陈伟×下车后立即从西侧井口进入井内，当陈伟×进入井内快下到井底时，突然跌倒，董××发现后一边向赵×报告同时又迅速下井查看情况，董××在进入井内后也突然跌倒坠入井底，在地面井口附近的大唐热电厂驾驶员侯××见状后也立即下井试图进行施救，侯××在进入井内后也突然跌倒坠入井底。看到 4 名施工人员相继被困井内后，在地面观察的赵×才拨打了 119、120 报警电话，并向大唐渭河热电厂报告了事故情况。

15:05，经公安、消防、应急、安监、卫生等部门全力抢救，井中 4 人相继被救出，经现场医务人员确认，4 人已经死亡，死因为井下缺氧、窒息死亡。

（三）事故原因

1. 直接原因

发生事故的 BJH5 热力井由于狭窄且为密闭空间，职工下井作业前未进行有害气体检测和采取强制通风措施，加之调试热网管道内 80℃的热水在 8kg 压力下高温高压喷出形成的雾状蒸汽充满井内密闭空间，井内严重缺氧状态致使井内作业人员昏迷窒息，导致死亡，是造成本次事故发生的直接原因。

2. 间接原因

（1）黑龙江省安装工程公司对该公司西安分公司的安全管理工作领导管理不力，违规任命未经有关部门安全管理培训并考核合格和取得相应资格的人员何俊×担任西安分公司主要负责人，致使西安分公司没有按规定建立安全生产责任制和制定相应的安全生产规章制度，安全工作管理混乱，导致承建的泾河热网工程Ⅲ标段项目部安全管理处于失控状态。该项目部安全生产第一责任人、主要负责人秦×长期脱离管理岗位，造成项目安全管理责任不落实、未组建相应的安全管理机构和配备专职安全管理人员、没有组织对所属施工人员进行安全培训教育、没有针对施工环节存在的有限空间作业等危险因素对所属施工人员进行安全技术交底，在该工程收尾阶段，项目部又委派不具备安全管理资格的人员何云×从事施工现场的管理工作，致使施工组织混乱，安全管理不到位，安全隐患未得到有效治理，这是导致此次事故发生的主要原因。

（2）大唐渭河热电厂作为泾河热网工程Ⅲ标段的建设单位，对该工程建设中的安全管理工作督促不力，对施工单位黑龙江西安分公司项目部安全管理缺失的问题未能及时发现和纠正，也未有效督促施工单位严格做好现场安全管理工作，特别是在进行热网调试运行活动中，没有督促施工单位对热网调试中存在的危险因素进行有效辨识和采取可靠的安全防范措施。泾渭热力公司员工赵×在同黑龙江西安分公司员工陈伟×等人在对 BJH5 热力井检查排气作业中，也未对热网调试中存在的危险因素进行有效辨识和采取可靠的安全防范措施，盲目会同施工单位人员违规下井进行作业，也是造成此次事故发生的重要原因。

（3）林华建设管理公司在实施该项目监理过程中，未能认真履行监理职责，疏于对相关施工单位施工方案的审核和对施工现场的安全检查，未能有效督促施工单位制定进入热力井内相关安全作业方案；在热力管道清理、调试运行阶段，未在Ⅲ标段配备专职监理人员，亦未能在监理巡视中及时发现并制止黑龙江西安分公司有关人员未佩戴任何防护设备、违规进入井内作业等不安全行为，对施工单位安全管理混乱、责任不落实等安全问题未能及时发现并纠正，导致项目部安全管理隐患长期存在，也是造成此次事故发生的重要原因。

（四）防范及整改措施

（1）黑龙江省安装工程公司应认真吸取此次事故教训，强化公司内部管理，建立健全西安分公司安全管理机构，切实提高相关管理人员安全责任意识，建立健全各项安全管理制度并严格执行安全生产法律法规和行业规定，调整充实项目组织机构，加强对施工现场的管理检查和作业人员的安全教育，认真审核从业人员资质和技术能力，及时督促检查各项施工安全技术措施，进一步明确安全管理责任，全面组织排查施工现场的各类隐患，严防事故再次发生。

（2）大唐渭河热电厂应从这次事故中认真吸取事故教训，切实加强对建设工程的安全管理，积极督促施工单位做好安全管理工作，同时，也要严格做好企业内的安全管理，加强生产过程中危险因素辨识和措施落实工作，杜绝类似事故再次发生。

（3）林华建设管理公司要进一步加强企业内部管理，认真履行安全监理职责，严格执行国家有关法律法规和行业规范，切实加强对施工单位安全管理体系和施工安全措施的审核把关，强化对作业现场的巡查力度，确保监理项目施工安全。

四、内蒙古电力（集团）有限责任公司薛家湾供电公司 220kV 杨川线工程"12·30"倒塔事故

（一）事故简述

12 月 30 日，内蒙古送变电工程有限公司的分包单位四川省华蓥市南方送变电有限公司在内蒙古电力（集团）有限责任公司薛家湾供电公司 220kV 杨川线工程施工过程中，在进行线路收紧作业时，发生倒塔事故，造成 3 人死亡、2 人受伤。

（二）事故经过

2010 年 12 月 30 日，由四川华蓥市南方送变电有限公司十五处现场指挥杨××带领 19 名工人，在内蒙古送变电有限责任公司杨四海变—川掌变 220kV 输变电线路工程至沙圪堵西南 10km 处 23 号铁塔进行紧线作业。在施工作业进行到 14:00，现场指挥杨××与卷扬机操作人员朱××配合不当，发生过牵引，导致 15.5m 高的铁塔从 3.0m 处弯折倒地，造成铁塔高处作业的张××、苏××、黄×、夏××4 人和地面作业人员唐××受伤。现场施工人员立即拨打 120 急救，张××、苏××、黄×3 人于 15:30 因抢救无效死亡。

（三）事故原因

1. 直接原因

四川华蓥市南方送变电有限公司进行架设电网 23 号铁塔工程时，现场指挥杨××与卷扬机操作员朱××在进行紧线作业时配合不当，发生过牵引，导致 23 号铁塔弯折倒地，造成施工现场人员伤亡。

2. 间接原因

（1）四川华蓥市南方送变电有限公司与内蒙古送变电有限责任公司签订劳务分包协议，在施工过程中四川华蓥市南方送变电有限公司参与了现场指挥、指定了工人作业内容、雇用未取得特种作业操作证人员施工，对施工现场管理不到位。

（2）内蒙古送变电有限责任公司对从业人员安全教育培训不到位，对特种作业持证上岗把关不严，对施工现场监管不力。

（3）内蒙古康远工程建设监理有限责任公司在架设电网 23 号铁塔工程时现场无安全监理员，对从业人员上岗资质审查不严，对施工现场的监理不力。

（4）内蒙古电力集团公司薛家湾供电局对内蒙古送变电有限责任公司和内蒙古康远工程建设监理有限责任公司监督、管理不力。

（四）防范及整改措施

（1）内蒙古送变电有限责任公司必须高度重视安全生产工作，把安全生产视为企业生存发展的前提条件，强化安全生产主体责任制的落实和责任追究。加强施工队伍管理，严格从业人员持证上岗。

（2）内蒙古电力集团公司薛家湾供电局要加强对工程施工队伍的安全监管，雇用具有合法资质的企业施工，严把特种作业人员持证上岗关，切实督促施工队伍落实施工现场各项安全措施。

（3）事故发生单位要严格执行安全生产各项规章制度，加强对从业人员的安全培训和安全教育，提高企业从业人员安全意识和操作技能。

（4）事故发生单位要认真总结事故教训，要通过该起事故警示单位干部职工，切实加强对施工现场的管理，规范施工流程，严格作业程序，强化施工设备管理，坚持定期安全性能检查，坚决杜绝三违行为，防止发生类似的生产安全事故。

2011 年

一、河北省尚义县察哈尔风电场"1·5"人身伤亡事故

（一）事故简述

1 月 5 日，华锐风电科技（集团）股份有限公司在河北省尚义县察哈尔风电场施工工地进行风机安装调试过程中，发生 3 人死亡事故。

（二）事故经过

2011 年 1 月 5 日 17 时，华锐公司察哈尔风电项目部刘××、闫××、王×、郑××等人，根据刘××的安排，对察哈尔风电公司二期 27 号机组风速风向仪进行更换。刘××、闫××、王×3 人爬到风机舱内作业，郑××在地面配合。更换工作结束后，刘××、闫××、王×3 人将换下来的风速风向仪支架用吊物绳从塔筒外送到地面，郑××在地面将捆绑风速风向仪支架绳索解开。就在解开绳索的一刹那，由于即时风速很大，将吊物绳刮到风塔附近的 35kV 集电线路上，由于吊物绳中心轴是金属细钢丝绳，瞬时产生电击火花，强大电流顺着钢丝绳传到机舱内，导致机舱内产生高压电弧，致使机舱内的刘××、闫××、王×3 人触电，并引发舱内起火。此时，正在地面组织箱式变压器验收的察哈尔风电公司高×等人急忙通知控制室停电，并拨打 119、120 等急救电话求救，至 22:00 救援结束，1 人当场死亡，2 名伤者经抢救无效死亡，27 号机组机舱全部烧毁，直接经济损失 700 万元。

（三）事故原因

1. 直接原因

刘××等人在临近带电区域更换风速风向仪作业中，违规使用金属钢丝芯的吊物绳吊卸风速风向仪支架，没有对吊物绳进行有效控制，吊物绳被大风刮到 35kV 高压线上，导致机舱带电，致使刘××、闫××、王×3 人触电身亡，并产生高压电弧，引起火灾，是此次事故的直接原因。

2. 间接原因

（1）安全措施不落实。作业人员在临近带电区域组织实施更换风速风向仪作业中，使用金属钢丝芯的吊物绳吊卸物件，没有制定

有效的防触电安全措施。

（2）作业人员安全意识淡薄。登塔进入机舱作业，没有从察哈尔风电场开具工作票，没有通知风电场中控室采取必要安全措施。吊送物件时，没有使用缆风绳将吊物绳有效控制。

（3）安全培训不到位。刘××、闫××、王×未经专门培训，无高空作业操作证。

（4）安全监管不到位。察哈尔公司未严格要求相关单位认真执行工作票制度，未对华锐公司察哈尔风电项目部更换风速风向仪作业实施有效监督管理。

（四）防范及整改措施

（1）加强制度建设。完善安全生产管理制度和操作规程，健全各类安全措施，严格执行"两票三制"，做好事先防范工作。

（2）加强安全培训，增强企业员工安全意识。从业人员必须经安全培训具备本岗位安全操作技能及应急处置所需的知识方可上岗作业。特种作业人员必须持证上岗。

（3）加强现场安全管理，严格遵守《风力发电场安全规程》（DL 796—2001）。在塔筒外从事小件物品吊卸作业时，严禁使用非绝缘绳索。作业人员要严格遵守操作规程和安全措施，杜绝各种违规操作和误操作等不安全行为。

（4）严格遵守安全技术措施交底制度，做到每一名从业人员应知尽知，确保其认真贯彻落实。

（5）华锐公司、察哈尔公司要认真吸取本起事故教训，举一反三，要在本单位开展一次彻底的安全大检查，严格落实安全责任制、规章制度、操作规程和安全措施，严禁违章指挥、违章作业、违反劳动纪律行为，消除事故隐患，杜绝类似事故，防止其他事故发生，确保安全生产。

二、云南省普洱市思茅区糯扎渡水电站"7·22"脚手架平台坍塌事故

（一）事故简述

7月22日，中国水利水电建设集团公司第八工程局分包单位湖南省津市市市政工程有限责任公司在云南省普洱市澜沧江下游华能澜沧江水电有限公司糯扎渡水电站进水口土建及金属结构安装施工过程中，脚手架平台坍塌，致使3名作业人员坠落死亡。

（二）事故经过

2011年7月22日8:00，湖南省津市市市政工程有限责任公司糯扎渡水电站进水口工区土建一队现场负责人金×刚带领11名职工到糯扎渡水电站进水口5号塔施工。金×刚将11人分成三组：技术员宋××带5个工人去吊大梁，唐××和许××去吊模板，王××、李××和杨正×到5号塔检修门槽清理高程801.3m处金属安全防护平台上的浮渣，金×钢负责监护工作。王××、李××和杨正×带着安全帽和安全带，但没有系安全绳，顺5号塔检修门槽的插筋爬下安全防护平台清渣。8:40，金×刚发现金属安全防护平台右侧钢板缺失，也不见王××、李××和杨正×3人，就电话通知在进水口底板的杨灿×，要他去查看底部情况。杨灿×到现场查看后发现王××等3人与安全防护平台钢板一同坠落至高程736m的进水口底板，立即打电话告知金×刚。金×刚到达现场，即时向120急救中心求救，同时组织现场工人将3名高处坠落人员抬上救援车辆，送往医院抢救，途中与120救护车相遇，经救护医生确诊，王××、李××和杨正×三人均已死亡。

（三）事故原因

1. 直接原因

（1）事故当事人违章作业，未系安全绳进行高空作业。

（2）违规切割金属结构安全防护平台钢板，安全防护平台承载力降低。5号塔金属结构安全防护平台由两块钢板组成，事故中坠落的钢板上下两方分别违规切割了一个梯形切割口，其中两根支撑钢筋被切断，降低了安全防护平台承载力。

（3）5号塔金属结构安全防护平台堆有大量建筑垃圾，当清理浮渣的事故当事人在平台上施工时加大平台荷载，导致5号塔金属结构安全防护平台超荷载垮塌，3名事故当事人随平台一起坠落死亡。

2. 间接原因

（1）湖南省津市市市政工程有限责任公司进水口工区土建一队，落实企业主体责任不到位，未设置安全生产管理机构，安全生产管理不到位，施工现场安全措施不落实，金属结构安全防护平台清渣作业未制定专项安全措施；违章组织切割金属结构安全防护平台；工前技术交底缺漏；从业人员安全培训不够，从业人员安全意识差，违章作业；安全管理人员和特种作业人员无证上岗，金×刚在不具备安全生产条件下，指挥工人冒险作业。

（2）中国水利水电第八工程局糯扎渡施工局落实企业主体责任不到位，对进水口工区土建一队安全监管不力，安全检查和隐患排查不到位，没有及时制止土建一队长期存在的违章作业、违章指挥行为。

（3）中国水利水电建设工程咨询西北公司糯扎渡监理中心对施工安全监督不到位，未督促土建一队制定相应的安全生产措施并进行安全技术措施交底；现场日常安全巡视检查缺位，没有及时制止土建一队长期存在的违章行为；未认真履行对安全生产管理人员和特种作业人员资格进行合法性审查的监理职责。

（四）防范及整改措施

（1）加强重点工程建设领域安全监管，认真落实安全生产主体责任。各级发改、建设行政主管部门要认真履行部门安全监管的职责，加强对重点建设项目、施工企业、监理单位的安全监管，督促其落实安全生产主体责任，切实发挥建设、施工、监理及企业的安全生产主体职责，不断强化安全生产责任制。建设项目参建各方要认真按照《中华人民共和国安全生产法》、《中华人民共和国建筑法》和《建筑工程安全生产管理条例》等相关法律、法规及标准规范的要求，建立健全完善规章制度，制订切实可行的施工方案，采取具有针对性的安全保障措施，严格执行施工交底，确保交底到位。开展深入细致的隐患治理，真正做到每一项制度、规程都落到实处。发现隐患及时整改，确保安全生产、万无一失。

（2）加大宣传教育力度，广泛提高从业人员的安全意识和技能，参建各方要加强对管理人员、技术人员、施工人员及特种作业人员的安全教育和培训，提高他们的安全技能和自我防范能力。主要负责人、安全管理人员和特种作业人员必须持证上岗。

（3）加强技术管理，积极发挥先进适用技术对安全施工的技术支撑和指导作用。一是认真做好各种专项施工方案的制订和论证评审工作。建设、施工、监理单位要严格按照《危险性较大的分部分项工程安全管理办法》（建质〔2009〕87 号）认真制订施工方案，分析施工中的危险因素，制定可行的安全技术措施。二是积极借助专家的技术支撑作用。积极聘请行业从业时间长、技术理论水平高、现场实践经验多、法规标准规范熟、工作责任心强的专家，认真开展技术论证，确保方案的针对性、可靠性和操作性。三是积极推广先进的施工技术和工艺，逐步淘汰工艺落后、危险性较大的施工方法和技术，降低施工过程中的危险性。

（4）事故相关单位要深刻吸取事故教训，举一反三，切实采取措施，着力解决事故中暴露出来的问题和薄弱环节，进一步加大安全生产检查力度，全面排查安全隐患；大力开展"反三违、防三超"活动，规范现场安全管理；落实交叉作业安全管理规定和措施，认真抓好安全生产工作，防止事故发生。

（5）糯扎渡水电工程建设管理局要立即组织开展一次安全生产大检查，督促施工区内所有企业认真落实安全生产主体责任，依法设置安全生产管理机构和配备安全生产管理人员，进一步健全和完善安全生产各项规章制度和操作规程，强化企业法定代表人、安全生产第一责任人的责任，认真落实企业负责人现场带班制度，切实加强全员、全方位、全过程的安全管理。

三、江西晨鸣纸业有限责任公司自备电"9·21"烫伤身亡事故

9 月 21 日，江西省南昌市鸿发友谊装卸有限公司在江西晨鸣纸业有限责任公司自备电厂进行 3 号循环硫化床锅炉分离器疏通作业时，因浇筑料脱落，导致高温积灰上扬，造成 3 名施工人员烫伤死亡。

四、江苏常熟发电有限公司"11·18"粗灰库工地坍塌事故

（一）事故简述

11 月 18 日，中国能源建设集团有限公司江苏省电力建设第三工程公司的分包单位江苏常嘉建设公司在中电投江苏常熟发电有限公司进行粗灰库顶部混凝土浇筑施工时，发生模板坍塌事故，造成 5 人死亡、3 人受伤。

（二）事故经过

2011 年 11 月 18 日 6:00，根据常嘉公司现场施工员杨新×的安排，常嘉公司杨天×（瓦工班长）等 11 名瓦工班作业人员陆续到达粗灰库施工现场。7:00，瓦工们在杨天×的带领下进行粗灰库顶部南侧筒壁及梁板浇筑施工，杨新×在粗灰库顶部现场指导。

10:00，混凝土泵车在顶部施工的面板上用木槽打了一堆混凝土，然后泵车往北移动。这时，杨新×觉得这样打下去有危险，便要求杨天×赶紧用铁锹把混凝土弄到北面去，但杨天×却要木工把加固的支撑拉条先拆掉，而杨新×不同意，杨天×自己派人拆掉了支撑拉条。10:30，常嘉公司另一施工员奚××接到杨新×的电话后从地面赶到粗灰库顶部施工现场，看到粗灰库顶部中央区域有大约直径 5m、最高处不超过 0.5m 的混凝土围包，便叫杨天×赶紧扒平。这时，现场已完成整个封顶工作面约 2/3 的浇筑量，但泵车打到顶面的混凝土已有 9 车半（总共需要 11 车），占浇筑总量的 86%，造成了局部的严重超载。

10:40，粗灰库顶部面板及梁从中央开始坍塌并迅速引起整体坍塌。杨天×等 8 人随顶板坍塌而坠落。事故发生后，在现场脚手架上的施工员奚××迅速电话报告常嘉公司相关负责人，同时，相关人员立即展开自救，将被救人员送往医院救治。至 19:00 事故现场搜救和人员核对工作结束，事故共造成 5 人死亡、3 人受伤。

（三）事故原因

1. 直接原因

施工人员在浇筑顶部过程中，未严格按先浇筒壁再浇梁板和南北部应平衡浇筑的作业程序，而是从灰库顶部的南侧顺着往北侧浇筑，使筒壁、梁、顶板等不分先后一并浇筑，完成 2/3 的施工作业时已使用所需混凝土总量的约 86%，且在顶板中心部位存放了直径约 5m、最高处近 0.5m 的混凝土围包，使顶部局部堆积超载严重，导致粗灰库顶面应力严重失衡而发生坍塌。

2. 间接原因

（1）粗灰库顶面模板支架搭设不规范。模板支架搭设未严格按照施工方案及相关规范标准执行，梁底的中间立杆未采用可调顶托，部分水平杆未双向贯通，造成杆件受压计算长度增加一倍甚至更多，使模板支架的实际稳定承载能力大幅降低。

（2）施工单位在施工前对施工方案和安全技术交底不规范，现场组织混乱、跟踪管理缺失，对高支模施工现场可能出现的安全风险分析与评估不够，加上现场施工人员自我防范意识淡薄，置违规作业可能产生的严重后果于不顾，一味蛮干。现场施工员发现问题后协调处置不力。

（3）总承包单位未认真履行安全生产管理职责，对专业分包单位缺乏有效监督。对危险性较大的粗灰库模板支撑系统搭设过程和顶面层混凝土浇筑作业，技术交底、跟踪监督不到位；现场验收把关不严，验收数据记录不详细，手续不完整。未对专业分包单位使用的周转性材料进行全面检查，对专业分包单位施工人员安全教育以及严格规范履行合同方面存在缺失。

（4）监理单位放松对工程项目总监和监理人员的管理，对高支模工程施工项目存在的风险分析不到位，对高支模系统验收不严格，未落实浇筑粗灰库顶板封顶作业的现场监督，对施工单位作业人员的技术考核与培训工作监督检查不力。

（四）防范及整改措施

（1）电力监管部门要深刻吸取事故教训，结合当前工作，有重点地组织开展电力行业工程建设项目的安全生产大检查工作，切实督促事故相关单位从严落实工程项目建设、施工和监理等各方安全生产责任，完善制度，堵塞漏洞，整改和消除安全隐患，切实加强施工现场的安全监管，确保同类事故不再发生。

（2）江苏电力建设第三工程公司和江苏常嘉建设有限公司要认真落实企业安全生产主体责任，建立和完善公司内部的安全生产责任体系，修订和完善本公司各类安全作业规程，建立切实有效的应急处置制度和事故报告程序；要加强和完善员工的安全生产教育和严格遵守作业规程的教育，增加施工现场安全管理人员配备；要加强对施工方案制订、验收环节的把关。规范安全技术交底；要加强对各级管理人员的安全生产责任制落实和考核；确保今后不再发生类似事故。

（3）江苏兴源电力建设监理有限公司应认真落实企业安全生产主体责任，建立和完善公司内部的安全生产责任体系。要进一步加强对工程项目总监和监理人员的教育与管理，严格公司的安全生产责任考核，进一步完善工程施工监理项目中关键性施工环节的验收、现场监督工作，进一步加强对施工单位作业人员的技术考核、培训工作和监督检查工作，确保今后不再发生类似事故。

（4）常熟发电有限公司作为工程项目的建设方，事故后虽然已对相关责任人员进行了相应处理，但作为建设方，应认真吸取教训。全面落实企业安全生产主体责任，进一步建立健全本公司项目管理部门的安全生产责任制度；要切实履行建设单位对电力建设工程安全生产的组织、协调、监督职责，严格监督和督促工程总承包单位履行对工程项目的安全生产责任。

五、四川省凉山州盐源县官地水电站 500kV 送出线路"12·13"官西线三号塔倒塌事故

（一）事故简述

12 月 13 日，四川省电力送变电建设公司的分包单位四川广安闳鑫输变电有限责任公司在四川省凉山州盐源县官地水电站 500kV送出线路架线过程中，铁塔倒塌，造成现场作业人员 8 人死亡，3人受伤。

（二）事故经过

官地水电站—西昌变 500kV 输电线路全线共设置 4 个放线区段，2011 年 9 月 25 日开始进行导地线展放，事故前已完成 3 个放线区段。12 月 13 日正进行第 4 个区段（N1～N24 塔）中的 N3～N4 塔位的平移导线施工作业。

鉴于 N3～N4 档内要跨越官地水电站两条 35kV 施工电源线路（官坝Ⅰ、Ⅱ线），在该两条线路不能同时停电的情况下，只能采用在 N3～N4 段右侧展放左侧导线的施工方法才能保证施工安全。《官地水电站—西昌变 500kV 输电线路工程——N3～N4 档内跨越 35kV 电力线特殊施工方案》（以下简称《特殊施工方案》）明确 N3、N4 塔必须通过在右侧（面向大号侧，下同）展放完导线后，再在右侧横担上锚线、开断后移到左侧横担锚固、紧线并挂线（如图 1 所示）。

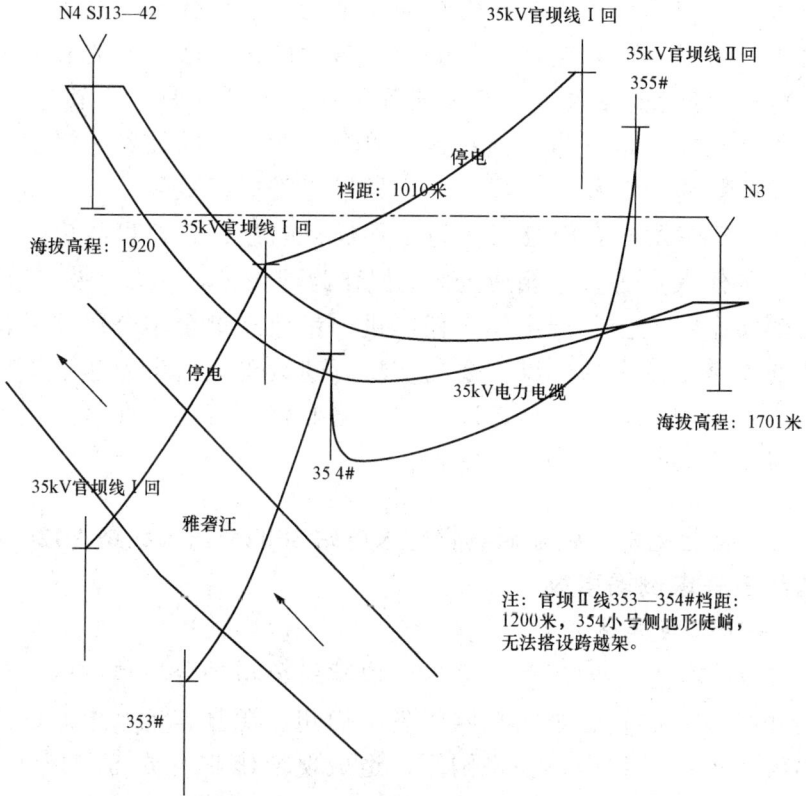

图 1　N3～N4 段跨越 35kV 官坝 I、II 线示意图

N1～N4 段四基铁塔均为耐张塔，N3 塔处于官地水电站升压站出线侧山脊上，其后侧（小号侧，下同）为 35 度左右斜坡，前侧为深沟，N2～N3 塔档距 176m，N3～N4 塔档距 1010m。

12 月 13 日 8:00，现场施工人员在广安闳鑫公司现场班组长涂××的带领下到 N3 铁塔进行施工作业。共有 11 名施工人员在塔上作业。塔上人员工作及站位大致情况为：上横担共有施工人员 6 人，其工作内容为将导线从右至左平移；左下横担 2 人，工作内容为调整左下相前侧导线弛度；3 人在塔身附近配合作业（如图 2 所示）。

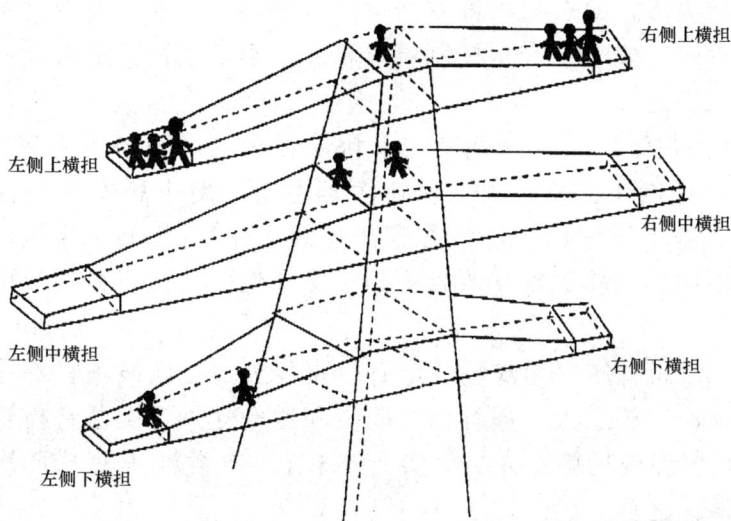

图 2　塔上 11 人站位示意图

10:50，右上横担前侧已移动 3 根子导线到左上横担前侧处锚线，正将第四根子导线从右侧移到左侧时，铁塔失稳倒塌，塔上 11 人中 5 人当场死亡、6 人重伤、3 人在送往医院途中死亡，共计 8 人死亡、3 人受伤。

（三）事故原因

1. 直接原因

事发当天由于现场技术人员刘××生病告假，责令官西线 N3 铁塔施工班组临时休工，四川省广安闳鑫输变电有限责任公司施工班组班组长涂××，在技术人员和监理人员不在场的情况下，为赶进度擅自组织开工，导致现场施工人员在没有技术人员指导的情况下不按《特殊施工方案》操作，是造成此次事故的直接原因。

2. 间接原因

（1）四川省广安闳鑫输变电有限责任公司内部管理混乱，安全规章制度未建立健全，对职工的安全教育和施工现场的监管不到位，对此起事故的发生负有不可推卸的责任，是造成此次事故的间接原因之一。

（2）四川省广安阆鑫输变电有限责任公司总经理冯×，作为公司法定代表人，对公司内部安全生产管理存在疏漏，安全规章制度未建立健全，安全生产责任制督导和落实不到位，是造成此次事故的间接原因之二。

（3）四川省广安阆鑫输变电有限责任公司项目经理童××，安全生产责任制不落实，安全基础管理薄弱，对下属安全教育管理不力，在施工过程的监测监控存在疏漏，对 N3 塔施工班组擅自开工情况不明、工作失察，监管不到位，是造成此次事故的间接原因之三。

（4）四川省广安阆鑫输变电有限责任公司官西线项目部施工队长尚××，对施工人员履行岗位职责和遵章守规情况监督检查不到位，没有督促现场施工人员落实《特殊施工方案》，是造成此次事故的间接原因之四。

（5）四川电力送变电建设公司送电二分公司现场技术人员刘××，作为公司派驻现场的技术、安全监护人员，事发当天因病向上级领导申请 N3 塔临时休工请假去西昌治疗，得到上级同意，但是离开时工作移交不及时、不彻底，仅对施工班组长做了口头交涉，没有完善相关的书面手续且未采取有力措施预防施工班组擅自开工，是造成此次事故的间接原因之五。

（6）四川电力送变电建设公司送电二分公司施工队长李×，作为公司在该工程的放线主要负责人，安全生产管理不到位，在刘××因病请假后，对施工现场的监控不力，没有及时发现制止 N3 塔施工班组擅自开工，是造成此次事故的间接原因之六。

（7）四川电力工程建设监理有限责任公司现场监理人员冯××，作为公司派驻到现场的监理，主要负责质量、安全的监管。事发当日刘××因病提出临时休工后，未及时将该情况反馈给上级部门，与刘××一起乘车到西昌，无假外出，导致没有及时发现并制止施工班组擅自开工，是造成此次事故的间接原因之七。

（四）防范及整改措施

（1）各公司要及时召开事故分析会，分析本次事故原因，并对全公司从业人员开展一次在职安全教育，要让每一个一线职工对工作环境和工作过程中可能存在的危险因素做到心中有数，并能采取正确措施和方法预防、处置可能发生的安全事故。

（2）进一步建立健全公司安全管理制度和安全操作规程，全面完善和认真落实各项制度，认真组织全员进行操作技能和安全知识培训，提高作业人员的业务技能和风险识别能力。工程施工前认真开展全员安全技术交底，专项施工方案交底，严格进行考试，不合格者严禁上岗，加强过程管理，坚决杜绝违章指挥、违章作业和冒险蛮干行为，确保安全生产。

（3）相关单位进一步加强对分包单位的监管，加强现场管控，健全和完善监理、业主、施工单位包括分包单位之间的联系、沟通机制，防止管理出现错位、脱节、漏洞、真空。

（4）加大对各现场施工点的安全检查力度，及时排查治理各类安全隐患。

（5）严格按照电力监管部门的行业管理要求，完善行业管理的有关手续。

2012 年

一、浙江广厦北川水电开发有限公司干松坝水电站"1·6"坍塌事故

（一）事故简述

1月6日，湖北兴龙水利水电工程有限公司在浙江广厦北川水电开发有限公司所属的四川省阿坝州干松坝水电站坝顶交通桥浇筑过程中，施工工艺不规范，安全设施不完善、措施不落实，发生垮塌事故，造成3人死亡。

（二）事故经过

1月6日19:40，湖北兴龙水利水电工程有限公司在对北川白草河（干流）梯级水电站二级大坝进行浇筑第三号闸孔交通桥梁板时，位于下方的满堂钢管支撑架瞬间全部坍塌，当时正在交通桥浇筑仓面上的3名作业人员随着支撑架和砼一起坍塌下去被掩埋，造成3人死亡。

（三）事故原因

1. 直接原因

（1）支撑架基础施工处理不当。施工单位忽略了对支撑架基础进行实地勘察，在未掌握基础牢不牢靠的情况下制订了支架施工方案并进行施工。

（2）支撑架搭设不规范。按照支架施工方案本工程的支撑架采用扣件式钢管支架，直接坐落在溢流面上，为防止在施工时钢管产生滑动，要求在溢流面上每一个立柱处用电锤钻孔，插入钢筋头并焊接在结构钢筋上，将立柱套在钢筋头外。但在架设过程中却没有按照方案进行施工，施工中也没有组织设计计算支撑架的承载力指标；没有搭设剪刀撑进行45°的斜向支撑加固及搭设连墙件和抛撑；支撑架立杆距、横杆距偏大，通过现场随机测量3处横杆间距为：1.64m、1.50m、1.55m，平均值为1.56m，最大值达到了1.64m；3处立杆间距为：1.03m、0.98m、1.05m，平均值为1.02m，最大值达到1.05m。超出了设计方案中的0.8m的间距控制值，致使支撑架整体受力不均，稳定性差，支撑架不能承受施工荷载，导致了坍塌。

（3）浇筑工艺不规范。砼入仓由缆绳垂直吊运卸料罐至坝顶下

游部位卸入简易溜槽,再通过简易溜槽将砼流入坝上游交通桥浇筑部位。由于溜槽砼坍落度偏大,砼入仓不均匀,集中倒置在一处。同时由于平仓不及时,加之单向浇筑,导致支撑架上游侧部局部承重过大,超出了脚手架卸料平台的控制荷载能力,满堂支撑架偏心受压而变形坍塌。

2. 间接原因

(1)安全生产规章制度、操作规程、岗位责任制不完善、制度执行不力。施工方对危险性较大的脚手架搭设工程没有按照脚手架搭设规范进行搭设,没有具备特种作业资质的架子工参与及指导,未经监理人员验收,由工人凭以往经验自行搭设;没有配备专职安全生产管理人员进行现场监督;监理单位对支撑架搭设施工方案及安全技术措施没有进行审查并督促施工单位严格按照《建筑施工扣件式钢管脚手架安全技术规范》(JGJ 130—2011)组织施工;搭设完毕也没有进行仔细检查验收是否合格,便同意施工方使用。

(2)变更交通桥施工工艺。干松坝水电站拦河大坝交通桥工程,设计图纸为c30w6f50砼预制桥面板,采用钢丝绳捆绑进行吊装。由于受到施工现场限制,没有预制场地和吊装条件,2011 年 10 月 5 日施工单位向监理单位提出将交通桥预制空心梁板改为现浇砼的要求,未经过设计单位审定签字同意,监理单位及建设单位就同意施工单位将拦河坝交通桥预制空心梁板变更为现浇空心梁板。

(3)安全设施、措施不到位。支撑架临边没有挂设水平安全网,外侧没有挂立网封闭;交通桥、检修平台的临空边缘没有设置安全防护栏杆;在浇筑交通桥、检修平台的施工过程中,没有提供安全带等个人防护用品。

二、四川攀枝花电业局"3·24"高处坠落事故

(一)事故简述

3 月 24 日,攀枝花网源电力建设工程公司的分包单位四川省锦龙电力建设工程公司在攀枝花电业局大龙潭 35kV 线路施工过程中,发生倒杆事故,造成 4 人死亡。

（二）事故经过

3月24日7:00，工程分包单位四川省锦龙电力建设工程公司作业班长李××带领14名人员到22号杆塔（电杆基坑深度为：左杆坑深1.2m，右杆坑深0.8m。设计要求以中心桩为基准面测量埋设深度，设计埋深1.0m）作业现场。9:00对22号杆塔进行立杆，第一根电杆立起，永久拉线拉好后就开始立第二根电杆（根据施工规范，永久接线未全部安装完毕之前，不得拆除临时拉线，经调查，李××为尽快安装完电杆，就采取了边安装永久拉线边拆除临时拉线的方式进行施工），拉好第二根电杆的1根永久拉线后（每根电杆有2根永久拉线），发现另一条永久拉线不够长，李××就安排拿ϕ50的临时拉线暂时代替ϕ100的永久拉线，待立好杆后下午更换，接下来线拉好后，安排3名作业人员回填桩基后，就安排另外4名作业人员上电杆去装横担（钢质，3段，两杆之间4m，杆边两端各1m）。11:50，在横担组装过程中，杆上施工人员凌××为尽快安装好横担吊杆，指挥龙××调整拉线以调整两根电杆的相对位置，方便横担吊杆安装，正在安装过程中，电杆突然整体倾倒，吴××等三人坠地死亡，另一人受重伤，经抢救无效死亡。事故直接经济损失约290万元。

（三）事故原因

1. 直接原因

（1）在杆塔上有人作业时，还调整临时拉线，造成整个电杆结构受力失衡而倒塌。

（2）在永久拉线未全部安装完毕承力后，就拆除临时拉线。

（3）四川省锦龙电力建设工程公司作业人员在采用不符合永久拉线标准的临时拉线固定电杆的情况下就上杆作业。

2. 间接原因

（1）工程分包单位四川锦龙电力建设有限公司安全技术措施方案不完善，内部安全生产管理存在疏漏。体现在基础施工技术措施、杆塔基础图纸说明、杆塔基础施工说明等具体内容不明确；措施方案中引用了一些已作废的标准，甚至国标中没有的标准及错误的表述等；施工现场立杆时无安全监护人，施工作业凭工作经验来判断、施工单位现场安全缺乏统一指挥等。

（2）工程承包单位攀枝花网源电力建设工程公司现场管理人员对施工现场安全管理情况监督不力。

（四）防范及整改措施

（1）四川锦龙电力建设有限公司应立即对该项目的安全管理问题进行全面分析、排查，及时整改施工作业中存在的安全隐患，加强公司内部安全管理，建立健全安全制度，制订落实安全防护措施，严格按照施工规范进行作业，避免同类事故重复发生。

（2）攀枝花网源电力建设工程公司要加强施工队伍的安全管理，强化安全机构和队伍建设，严格落实《四川省安全生产条例》等法律法规的规定。同时对所有在建项目立即开展安全生产大检查，全面排查整改安全隐患。

（3）电力建设相关单位应切实履行安全生产职责，深刻吸取事故教训，全面排查整改安全隐患。

三、四川二滩公司两河口水电站"6·7"坍塌事故

（一）事故简述

6月7日，中铁二十一局集团有限公司两河口项目部在二滩水电开发有限责任公司雅砻江两河口水电建设工地进行公路隧道施工作业时，施工人员违章作业，隧道顶拱发生坍塌，造成3人死亡、2人重伤。

（二）事故经过

雅江县两河口水电站位于四川省甘孜州雅江县境内的雅砻江干流上，交通工程402号公路是电站大坝枢纽右岸低高程开挖及填筑运输主通道。建设单位为二滩水电开发有限责任公司（下称二滩公司），施工单位为中铁二十一局集团有限公司（下称中铁二十一局），监理单位为四川二滩建设咨询有限公司（下称二滩监理公司）。402号公路隧道建设项目由中铁二十一局下属的第五工程有限公司（下称五公司）具体施工。6月6日19:30，雅砻江两河口水电建设工地402号公路隧道（本开挖循环的掌子面桩号 K1＋084.50）进行爆破作业，至6月7日2:00，排险、出渣完成并开始初喷，2:45混凝土

初喷工作结束后，支护班的 5 名工作人员在塌方部位下方进行系统锚杆的钻孔施工作业，钻孔作业不久，3:00 拱顶部位忽然发生塌方，造成 5 人被埋。施工现场带班人员和洞内其余施工人员立即采取应急救援措施，并向项目部值班人员报告，将被埋 5 人救出，其中 3 人在送往医院的途中死亡。事故发生后，施工单位于 6 月 7 日 12:05 才将事故发生情况上报公司领导及雅江县安监局，造成事故相关信息报送滞后，延误了事故调查处理等相关工作的开展，属严重的迟报行为。事故直接经济损失 168 万余元。

（三）事故原因

1. 直接原因

（1）在隧道开挖轮廓线外的隧道拱顶部位存在两条隐性的斜向节理面，其在隧道岩体中的隐性结构面具有隐蔽性，尤其是其延展方向、延伸长度及其相互组合关系在工程施工中一般难以准确预判。

（2）隧道围岩在开挖爆破过程中，爆破震动也可能促使隐性结构面的延伸、张开贯通，使结构面形成很不利的组合，进而形成不稳定块体。

（3）隧道开挖后，在进行初期支护锚杆钻孔施工过程中，钻孔震动也可能进一步扰动隧道拱顶开挖轮廓线外一条主控水平隐性贯通节理面下部及隧道拱顶开挖轮廓线外两条不利斜向切割隐性节理面形成的倒三角不稳定块体。综合分析，不利组合的隐性贯通节理面相互切割形成的倒三角体垮塌是引起本次事故的直接原因。

2. 间接原因

（1）施工单位五公司任命无项目经理资质的人员担任项目经理；部分安全管理人员未经安监部门或建设行政主管部门考核合格，取得安全管理资质；对 402 号公路隧道建设项目地质条件的复杂程度认识不足，对工程安全管理不严，在此事故中存在迟报现象。

（2）监理单位二滩监理公司没有认真履行监理职责，将无监理执业资质的人员派往 402 号公路隧道建设项目担任现场监理工程师；对施工单位项目经理的资质审查把关不严，对施工单位项目部安全管理人员的资质审查不到位。

（3）建设单位二滩公司下属的两河口建设管理局（筹）履行职

责不够，对施工现场监督检查不到位，对施工单位项目部经理的资质审查把关不严，对监理单位监管不力。

（四）防范及整改措施

（1）五公司要严格执行《安全生产法》、《建设工程安全生产管理条例》等法律法规和有关标准，依法落实企业安全生产主体责任，建立健全安全生产管理规章制度，层层落实安全生产责任，严密排查安全隐患，消除安全管理死角。要通过本次事故，举一反三，严防类似事故发生。

（2）二滩监理公司下属的两河口监理中心要配备合格的监理人员，加强对现场监理人员的管理，督促监理人员依法履行工程施工现场安全生产监理职责，督促施工单位完善项目部管理人员和安全管理人员的资质，落实各项安全生产措施，发现事故隐患，应要求施工单位立即整改，对隐患严重的，应下达停工令，要求施工单位暂停施工，消除事故隐患；及时、如实向业主和有关部门反映施工过程中发现的重大施工安全问题，并对整改情况实施监理。

（3）二滩建设公司下属两河口建设管理局（筹）要加强监理单位的管理，做好对监理单位的考核，发现不按规定进行安全监理的情况要提出严肃的处理意见。同时要加强对施工单位的安全监督，特别是加强现场安全检查，发现问题要立即责成整改，确保建设项目安全生产。

（4）雅江县人民政府要依法加强对两河口水电站建设项目的安全生产监督管理，督促有关行业主管部门深入两河口水电站施工现场，开展安全生产专项检查，进一步落实安全监管责任。

四、云南威信县煤电一体化项目"6·8"坍塌事故

（一）事故简述

6 月 8 日，中国能源建设集团湖南火电建设公司分包单位河北亿能烟塔工程有限公司在云南威信县煤电一体化项目一期冷却塔施工中，发生脚手架坍塌事故，造成 7 人死亡、1 人受伤。

（二）事故经过

6 月 8 日 6:30，在云南威信县煤电一体化项目一期冷却塔施工现场电工姜××打电话向项目经理张××报告，2 号冷却塔施工电源出现故障停电，施工电梯不能运行，请他与施工方河北亿能项目部材料库联系，由姜××去领材料来进行维修。7:00，带班组长袁××带领 7 名人员进入施工现场，因脚手架拆除的正常程序是自上而下进行，若没有电梯，人员不能上去作业，拆下来的架管及扣件无法运至地面。带班组长袁××考虑到搭设脚手架的架管在施工期间黏附着一些混凝土浆体，在拆除架管过程中也需要敲除（因工人流动性大，工人到了现场，开不了工也须付工资），于是在取得项目经理同意后，改变作业指导书的要求，带领施工人员从地面开始自下而上采用重锤（其中 22 磅 1 把、18 磅 3 把、14 磅 2 把、12 磅 2 把）敲除黏附在架管及扣件上的混凝土浆体。10:50，施工人员在离地面 18 层、高约 20m 的脚手架上用重锤敲除黏附在架管及扣件上的混凝土浆体时，整个施工电梯附着脚手架（还未拆除的，高约 100m）突然整体呈 S 形扭曲向冷却塔中心线方向坍塌，导致 7 人坠落死亡。事故直接经济损失 700 余万元。

（三）事故原因

1. 直接原因

专家组根据现场勘查、调查取证情况综合分析认定：劳务项目经理及带班班长违章指挥施工人员违章作业，从地面开始自下而上采用重锤敲除黏附在脚手架架管及扣件上的混凝土浆体，导致部分连接扣件松动，脚手架局部变形、架体失稳，发生坍塌。

2. 间接原因

（1）邯郸众合威信项目部安全生产主体责任不落实，安全生产管理机构及制度不健全，安全教育培训落实不到位，安全生产管理混乱，使用未持证架子工上岗。

（2）邯郸众合威信项目部项目施工电梯脚手架拆除作业人员自我保护意识不强，违章作业。

（3）河北亿能威信项目部对切块分包工程施工安全生产主体责任不到位，对劳务协作单位安全生产管理职责落实不到位，安全生产督促检查不到位。

（4）湖南火电威信项目部对总承包工程安全生产主体责任落实

不到位，对切块分包工程安全生产监督管理责任落实不到位，安全生产督促检查不到位。

（5）山东诚信威信项目部未严格落实工程建设安全生产相关法律法规，未认真履行监督管理职责。对总承包单位、施工单位、劳务协作单位安全生产监理不到位。

（6）威信云投粤电对建设项目安全生产主体责任落实不到位，对总承包单位、施工单位、劳务协作单位安全生产组织、协调、监督检查责任落实不到位。

（7）威信县政府对威信煤电一体化项目建设工程履行属地监督责任不到位。

（四）防范及整改措施

（1）进一步提高认识，切实加强对安全生产工作的领导，牢固树立"安全第一、预防为主、综合治理"的思想，认真解决安全生产中出现的问题，防止类似事故的再次发生。

（2）立即组织对辖区内现场大型施工脚手架进行一次全面的隐患排查.对现场各作业面脚手架的稳固性和可靠性存在安全隐患的，立即进行整改和治理。加强大型施工脚手架的安全管理，其搭设与拆除必须严格按照作业指导书要求施工，搭设完毕后严格执行验收挂牌制度。

（3）立即安排辖区内所有工程施工单位进行全面整顿，组织学习相关安全生产法律法规、安全工作规程规范和本专业以往事故案例，并举一反三，将事故情况与本专业施工具体情况结合起来，查找存在的问题，并及时进行整改。

（4）立即部署本辖区内各行业安全生产隐患排查工作，对存在的问题和可能导致事故的隐患及时监督整改。督促企业管理人员和职能部门监管人员加强现场的监督检查，及时发现不安全行为和不安全状态，加大对违章作业行为的查处力度。

（5）切实加强本辖区内分包工程安全管理，对分包单位选择、合同签订，人员进场安全教育培训、机具进场检查检验、进场安全交底、施工过程安全监控等各个环节严格把关，做到合法合规，确保监控到位。

（6）严格督促本辖区内施工企业执行安全交底制度，每个作业项目开工前，必须组织所有参加施工的人员进行详细的安全技术交底，每天上班作业前，施工班组必须组织人员进行详细具体的班前安全交底。

（7）切实加强本辖区内重大施工作业如大型起吊作业、大型脚手架拆除等危险施工项目的过程监控，督促相关管理人员和监护人员必须严格坚守现场实施安全旁站，全过程进行安全监护。

（8）在本辖区内深入持久开展好建筑施工安全宣传教育工作。多渠道、多形式，采取各种办法抓好建筑施工安全宣传，上下同心，形成齐抓共管的良好局面。

五、江苏常熟市第二生活垃圾焚烧发电厂项目"7·12"坍塌事故

（一）事故简述

7月12日，山东工业设备安装总公司在上海浦东环保发展有限公司江苏省常熟市浦发第二热电能源有限公司所属常熟市第二生活垃圾焚烧发电厂项目建设施工过程中，锅炉过热器倾倒，造成4名施工人员死亡。

（二）事故经过

常熟市第二生活垃圾焚烧发电厂锅炉由无锡华光锅炉股份有限公司生产，产品型号为UG-300-25.5/4.0/400-W型单锅筒、自然循环中压垃圾焚烧锅炉。事故地点为3号垃圾焚烧发电锅炉过热区内。7月7日，山东省建设第三安装有限公司常熟锅炉施工班组于××擅自主张将高温过热管、中温过热管一起吊装固定，再统一焊接。7月8日，山东省建设第三安装有限公司使用履带吊进行过热管的吊装。该履带吊是安装单位于3月5日向上海鼎管机械有限公司租赁，由吊运工李××操作。吊运过热管是先用固定框架，一次吊10片左右的过热管，将过热管吊运到钢结构架平台上；到平台之后，再分别一片一片地吊运到锅炉内。从地面吊运到框架平台上是由一个师傅指挥，到平台之后再由另一个师傅指挥往锅炉内放，到锅炉内看不见吊车吊钩的时候，由该师傅告诉吊运工是否到位。吊装工作于

7月10日结束。12日6:30，于××安排6名员工前往3号垃圾焚烧发电锅炉过热区安装过热管。在安装过程中，作业人员杨××发现一片高温过热管位置偏下，需要向上调整4～5cm，即让另一作业人员用手拉葫芦将一只S形自制螺纹钢挂钩挂在中温过热管上并操作手拉葫芦进行调整。杨××则下到蒸发器上（离地约14m）用撬棒撬过热管，配合于××调整过热管位置。作业至9:00，作业人员胡××扶住的肋板电焊完毕，就通过北侧水冷壁的人孔门到外面平台上休息。此时，杨××和于××在调整过热管位置，其他3名工人在焊接肋板。在平台休息的胡××发现天刮大风，即将下雨，便叫炉膛内的其他5名工人收拾工具出来避雨。工人在匆忙撤离作业现场过程中，中温过热管突然发生塌落，同时压塌高温过热管。5人被坍塌的过热管压住，其中4人经抢救无效死亡。事故直接经济损失500余万元。

（三）事故原因

1. 直接原因

锅炉安装人员在固定过热管的支架肋板与梳形板之间未焊接的情况下，使用手动葫芦调整高温过热管，将手动葫芦挂在中温过热管上拉动高温过热管进行调节，同时撬动水冷壁，造成水冷壁间隙过大而失稳坠落。

2. 间接原因

（1）锅炉安装队擅自改变施工方案，严重违反作业规程，留下重大事故隐患。

（2）锅炉安装单位在制订施工方案后，未按方案对过热管安装作业方式进行现场监督，未能阻止违规作业行为，现场管理缺失。

（3）总承包单位及监理单位也都未认真履行职责，监督检查不到位。

（4）建设单位及相关管理部门对工程安全生产的组织、监督职责落实不到位。

（四）防范及整改措施

（1）山东省工业设备安装总公司和山东省建设第三安装有限公司要认真落实企业安全生产主体责任，建立和完善公司内部的安全生产责任体系，修订和完善本公司各类安全作业规程；要加强和完善员工的安全生产教育和严格遵守作业规程的教育，增加施工现场安全管理人员配备；要加强对施工方案制订、验收环节的把关，规范安全技术交底；要加强对各级管理人员的安全生产责任制落实和考核；确保不再发生类似事故。

（2）南京苏安建设监理咨询有限公司应认真落实企业安全生产主体责任，建立和完善公司内部的安全生产责任体系。要进一步加强对工程项目总监和监理人员的教育与管理，严格公司的安全生产责任考核，进一步完善工程施工监理项目中关键性施工环节的验收、现场监督工作，进一步加强对施工单位作业人员的技术考核、培训教育和监督检查工作。

（3）常熟浦发第二热电能源有限公司作为建设方，应认真吸取教训，全面落实企业安全生产主体责任，进一步建立健全本公司项目管理部门的安全生产责任制度；要切实履行建设单位对电力建设工程安全生产的组织、协调、监督职责。

（4）地方监管部门要深刻吸取事故教训，结合当前工作，有重点地组织开展电力行业工程建设项目的安全生产大检查工作，切实督促事故相关单位从严落实工程项目建设、施工和监理等各方安全生产责任，完善制度，堵塞漏洞，整改和消除安全隐患，切实加强施工现场的安全监管，确保同类事故不再发生。

六、甘肃省永靖县中电投盐锅峡水电站"8·24"快艇翻船事故

8月24日，四川送变电工程公司劳务分包单位四川省岳池电力建设总公司（民营企业）在位于甘肃省永靖县的中电投盐锅峡水电站坝内地段进行220kV炳张线线路施工时，发生快艇翻船事故，造成5人死亡。

七、宁夏中卫供电局10kV线路入地工程"9·27"爆炸事故

9月27日15:07，宁夏天净天源电力有限公司分包商中卫市飞达工程有限公司在进行中卫供电局10kV线路入地工程的顶管作业时，发生爆炸事故，造成3人死亡，4人重伤。

八、南方电网广东清远抽水蓄能电站工程"11·19"高处坠落事故

（一）事故简述

11 月 19 日，中国电力建设集团公司第十四水电工程局（下称水电十四局）在南方电网调峰调频公司广东清远抽水蓄能电站施工中，卷扬机制动系统失灵，送料小车失去控制后下坠，造成 6 人死亡。

（二）事故经过

11 月 8 日，水电十四局清蓄项目部与湖南衡东石滩建筑工程公司（下称衡东石滩公司）签订《建设工程施工协议（斜井砼衬砌工程）》。协议规定施工范围为：斜井砼衬砌和尾水闸门室砼两项工作。11 月 19 日 7:40，现场管理人员水电十四局项目部安全员芮××和衡东石滩公司邓××及衡东石滩公司 9 名施工人员进入施工现场，芮××组织作业班组召开站班会，交代安全注意事项；卷扬机操作员何××对卷扬机进行检查和试车。8:50，邓××和衡东石滩公司施工人员从轨道旁边的人行梯下井，从距上井口约 210m 处开始作业，自下而上拆除斜井扩挖施工导轨。11:25，何××用对讲机问负责割轨道的余××"还有多远"，余回答"运输台车距井口差不多还有六七十米"。在运输台车继续上行约 10m 时，何××突然听见卷扬机齿轮箱附件先后两次发出"咔、咔"的不同声响，随即发现卷筒钢丝绳突然停顿了一下，卷筒立即反转，运输台车开始下滑，何××立即将卷扬机凸轮控制器打到停止状态，发现卷筒反转没有停止，运输台车继续下滑，于是立即按下卷扬机紧急停机开关，断掉卷扬机电源，卷扬机断电以后，减速箱传动轴抱闸自动投入。但是运输台车仍在下滑，何××跨步到卷扬机右侧拉手刹，仍未能阻止运输台车下滑。何××立即用对讲机通知余××跳车。此时，余××正在观察运输台车在上行过程中车轮与轨道接触是否正常，突然发现运输台车有停顿的异常情况，在台车突然下滑的瞬间，立即从台车平台上向上井口方向跳出，掉在斜井洞壁后下滑了 10 多米，抓住轨道横杆脱险。另一人虽跳出运输台车，但未能抓住横杆，在向下翻滚过程中吊挂在距斜井上井口约 165m 处的轨道横杆上。随后运输台车又撞上位于距

上井口约 170m 处拆轨道的 5 名施工人员。其中 4 人直接撞落至斜井底部，另 1 人被撞后吊挂在距斜井上井口约 175m 处横杆上。

（三）事故原因

1. 直接原因

（1）卷扬机减速箱底面端部与卷筒支撑板和机架焊缝之间的机架母材断裂，导致减速箱输出轴与卷筒输入轴齿轮副啮合失效，造成运输台车失去牵引并下滑坠落。

（2）齿轮副的间隙过大导致卷扬机运转过程中存在冲击。

（3）事故现场目视轨道多处存在明显的横向和纵向弯曲变形，运输台车在上下过程中，由于长期多次出现瞬间卡涩，以致增大卷扬机的瞬时牵引荷载，导致卷扬机减速箱机架槽钢受力部位长期多次受到外力冲击，在槽钢材质存在缺陷、有隐形裂纹的情况下，外力一旦达到破坏点，加速卷扬机减速箱机架槽钢焊缝附件的隐形裂纹扩大并撕裂，造成减速箱移位，卷扬机传动齿轮与卷筒齿轮啮合失效。事故调查中，据作业人员反映，台车在运行过程中确有卡涩现象，尤其是在距上井口 100 多米处。在从上井口平台观察，轨道在距上井口六七十米处，也存在明显的弯曲变形。

2. 间接原因

（1）提升系统设计不规范。整体设计属水电十四局自行设计，只有轨道设计图和台车设计图，无基础设计、安装设计、设计计算书、使用说明书、安全操作规程，无安装和拆卸说明，无断绳保护和限速保护，钢丝绳无托辊和防跳槽装置，轨道无设计标准。提升系统没有经过专业设计单位的设计把关和校核。

（2）验收不符合要求。提升系统虽然经过两次验收，第一次是在 2 月 7 日对平台、卷扬机、电气系统、安全防护装置进行验收，第二次是在 8 月 2 日对斜井运输台车、天梯、检修平台、天轮架、卷扬机、上井口施工平台及斜井二次扩挖台车安装，但均未发现设计不满足要求、安全防护装置缺失等。

（3）现场工作人员存在上下立体交叉作业：5 名施工人员在运输台车上行过程中，仍在台车下方的轨道上进行作业，没有在轨道旁的人行道上进行避让。余××等 2 名施工人员在提升系统不满足有关安全规程要求的情况下，进入运输台车作业。

（四）暴露问题

（1）重大施工方案的审查、审批不规范。

（2）施工机械设备（特种设备）管理薄弱。

（3）安全风险管理体系存在"两张皮"现象。

（4）安全监督检查不到位。

（5）劳务分包管理不规范。

（6）应急管理不到位。

（7）缺少有针对性的专项培训。

（五）防范及整改措施

（1）加强施工机械管理。编制特种设备及施工专业设备管理制度；建立施工机械设备的定期检验机制，开展专项清理整顿工作。

（2）全面加强安全风险体系建设。抓好安全生产风险管理体系落地工作；加强对参建单位的监督指导。

（3）加强安全监督、考核，确保各级岗位职责到位。开展对建管局的项目管理评价和安全综合管理评价，完善承包商考核评价标准，建立对建管局（项目部）和承包商（设计、监理、施工单位、供应商）的定量考核机制；完善各级人员安全生产责任制和到位标准。

（4）统一分包合同范本，加强对承包商的管理。严格执行分包合同的审查程序，严格审查分包商资质，明确分包审查要点，要求各施工单位采用劳务分包合同范本；落实合同和投标文件要求，对监理和施工单位的人员与设备配置进行检查，督促各承包商按照合同文件要求进行相关资源配置，严格执行"五个严禁"；制订《安全措施费用使用管理办法》，规范安全措施费用的使用管理，做到专款专用。

（5）加强现场安全监督检查。根据各类作业现场的风险评估结果和预控措施，针对抽水蓄能特点，编制《基建工程安全文明施工检查评价标准表式》、《安健环设施标准》（电源部分），开展隐患排查治理工作。

（6）完善应急管理工作。完善综合应急预案、专项应急预案和现场处置方案，每年进行不少于两次的应急演练（包括信息上报流程），提升应急处置能力。

（7）加强工程建设管理培训工作。分层分级开展培训工作。开展两期针对公司领导、职能管理部门负责人和各建管局（项目部）负责人及工程管理人员的基建管理（包括施工机械管理）培训班；组织到国内先进管理企业交流学习。

（8）强化对高危施工、交叉施工作业面的管控。对竖井、斜井、大件吊装和特种设备安拆等高危风险作业的施工项目，完善施工作业指导书，严格审查审批流程，杜绝未经审批的项目擅自开工。

九、广西电网公司 220kV 久榄线"11·26"基建施工触电事故

11 月 26 日，广西浩天集团（独立法人单位）在进行广西电网公司 220kV 久榄线基建施工过程中，在修复因跨越架垮塌被压断的 10 千伏青龙线高速路支线 102 号杆时，发生触电事故，造成 4 人死亡、4 人受伤。

附　录

附录一

中华人民共和国国务院令

第 493 号

《生产安全事故报告和调查处理条例》已经 2007 年 3 月 28 日国务院第 172 次常务会议通过，现予公布，自 2007 年 6 月 1 日起施行。

总理　温家宝
二○○七年四月九日

生产安全事故报告和调查处理条例

第一章　总　　则

第一条　为了规范生产安全事故的报告和调查处理，落实生产安全事故责任追究制度，防止和减少生产安全事故，根据《中华人民共和国安全生产法》和有关法律，制定本条例。

第二条　生产经营活动中发生的造成人身伤亡或者直接经济损失的生产安全事故的报告和调查处理，适用本条例；环境污染事故、核设施事故、国防科研生产事故的报告和调查处理不适用本条例。

第三条　根据生产安全事故（以下简称事故）造成的人员伤亡或者直接经济损失，事故一般分为以下等级：

（一）特别重大事故，是指造成 30 人以上死亡，或者 100 人以上重伤（包括急性工业中毒，下同），或者 1 亿元以上直接经济损失的事故；

（二）重大事故，是指造成 10 人以上 30 人以下死亡，或者 50 人以上 100 人以下重伤，或者 5000 万元以上 1 亿元以下直接经济损失的事故；

（三）较大事故，是指造成 3 人以上 10 人以下死亡，或者 10 人以上 50 人以下重伤，或者 1000 万元以上 5000 万元以下直接经济损失的事故；

（四）一般事故，是指造成 3 人以下死亡，或者 10 人以下重伤，或者 1000 万元以下直接经济损失的事故。

国务院安全生产监督管理部门可以会同国务院有关部门，制定事故等级划分的补充性规定。

本条第一款所称的"以上"包括本数，所称的"以下"不包括本数。

第四条　事故报告应当及时、准确、完整，任何单位和个人对事故不得迟报、漏报、谎报或者瞒报。

事故调查处理应当坚持实事求是、尊重科学的原则，及时、准确地查清事故经过、事故原因和事故损失，查明事故性质，认定事故责任，总结事故教训，提出整改措施，并对事故责任者依法追究责任。

第五条　县级以上人民政府应当依照本条例的规定，严格履行职责，及时、准确地完成事故调查处理工作。

事故发生地有关地方人民政府应当支持、配合上级人民政府或者有关部门的事故调查处理工作，并提供必要的便利条件。

参加事故调查处理的部门和单位应当互相配合，提高事故调查处理工作的效率。

第六条　工会依法参加事故调查处理，有权向有关部门提出处理意见。

第七条　任何单位和个人不得阻挠和干涉对事故的报告和依法调查处理。

第八条　对事故报告和调查处理中的违法行为，任何单位和个人有权向安全生产监督管理部门、监察机关或者其他有关部门举报，接到举报的部门应当依法及时处理。

第二章　事　故　报　告

第九条　事故发生后，事故现场有关人员应当立即向本单位负责人报告；单位负责人接到报告后，应当于1小时内向事故发生地县级以上人民政府安全生产监督管理部门和负有安全生产监督管理职责的有关部门报告。

情况紧急时，事故现场有关人员可以直接向事故发生地县级以上人民政府安全生产监督管理部门和负有安全生产监督管理职责的有关部门报告。

第十条 安全生产监督管理部门和负有安全生产监督管理职责的有关部门接到事故报告后，应当依照下列规定上报事故情况，并通知公安机关、劳动保障行政部门、工会和人民检察院：

（一）特别重大事故、重大事故逐级上报至国务院安全生产监督管理部门和负有安全生产监督管理职责的有关部门；

（二）较大事故逐级上报至省、自治区、直辖市人民政府安全生产监督管理部门和负有安全生产监督管理职责的有关部门；

（三）一般事故上报至设区的市级人民政府安全生产监督管理部门和负有安全生产监督管理职责的有关部门。

安全生产监督管理部门和负有安全生产监督管理职责的有关部门依照前款规定上报事故情况，应当同时报告本级人民政府。国务院安全生产监督管理部门和负有安全生产监督管理职责的有关部门以及省级人民政府接到发生特别重大事故、重大事故的报告后，应当立即报告国务院。

必要时，安全生产监督管理部门和负有安全生产监督管理职责的有关部门可以越级上报事故情况。

第十一条 安全生产监督管理部门和负有安全生产监督管理职责的有关部门逐级上报事故情况，每级上报的时间不得超过2小时。

第十二条 报告事故应当包括下列内容：

（一）事故发生单位概况；

（二）事故发生的时间、地点以及事故现场情况；

（三）事故的简要经过；

（四）事故已经造成或者可能造成的伤亡人数（包括下落不明的人数）和初步估计的直接经济损失；

（五）已经采取的措施；

（六）其他应当报告的情况。

第十三条　事故报告后出现新情况的，应当及时补报。

自事故发生之日起 30 日内，事故造成的伤亡人数发生变化的，应当及时补报。道路交通事故、火灾事故自发生之日起 7 日内，事故造成的伤亡人数发生变化的，应当及时补报。

第十四条　事故发生单位负责人接到事故报告后，应当立即启动事故相应应急预案，或者采取有效措施，组织抢救，防止事故扩大，减少人员伤亡和财产损失。

第十五条　事故发生地有关地方人民政府、安全生产监督管理部门和负有安全生产监督管理职责的有关部门接到事故报告后，其负责人应当立即赶赴事故现场，组织事故救援。

第十六条　事故发生后，有关单位和人员应当妥善保护事故现场以及相关证据，任何单位和个人不得破坏事故现场、毁灭相关证据。

因抢救人员、防止事故扩大以及疏通交通等原因，需要移动事故现场物件的，应当做出标志，绘制现场简图并做出书面记录，妥善保存现场重要痕迹、物证。

第十七条　事故发生地公安机关根据事故的情况，对涉嫌犯罪的，应当依法立案侦查，采取强制措施和侦查措施。犯罪嫌疑人逃匿的，公安机关应当迅速追捕归案。

第十八条　安全生产监督管理部门和负有安全生产监督管理职责的有关部门应当建立值班制度，并向社会公布值班电话，受理事故报告和举报。

第三章　事　故　调　查

第十九条　特别重大事故由国务院或者国务院授权有关部门组织事故调查组进行调查。

重大事故、较大事故、一般事故分别由事故发生地省级人民政府、设区的市级人民政府、县级人民政府负责调查。省级人民政府、设区的市级人民政府、县级人民政府可以直接组织事故调查组进行调查，也可以授权或者委托有关部门组织事故调查组进行调查。

未造成人员伤亡的一般事故，县级人民政府也可以委托事故发生单位组织事故调查组进行调查。

第二十条 上级人民政府认为必要时，可以调查由下级人民政府负责调查的事故。

自事故发生之日起 30 日内（道路交通事故、火灾事故自发生之日起 7 日内），因事故伤亡人数变化导致事故等级发生变化，依照本条例规定应当由上级人民政府负责调查的，上级人民政府可以另行组织事故调查组进行调查。

第二十一条 特别重大事故以下等级事故，事故发生地与事故发生单位不在同一个县级以上行政区域的，由事故发生地人民政府负责调查，事故发生单位所在地人民政府应当派人参加。

第二十二条 事故调查组的组成应当遵循精简、效能的原则。

根据事故的具体情况，事故调查组由有关人民政府、安全生产监督管理部门、负有安全生产监督管理职责的有关部门、监察机关、公安机关以及工会派人组成，并应当邀请人民检察院派人参加。

事故调查组可以聘请有关专家参与调查。

第二十三条 事故调查组成员应当具有事故调查所需要的知识和专长，并与所调查的事故没有直接利害关系。

第二十四条 事故调查组组长由负责事故调查的人民政府指定。事故调查组组长主持事故调查组的工作。

第二十五条 事故调查组履行下列职责：

（一）查明事故发生的经过、原因、人员伤亡情况及直接经济损失；

（二）认定事故的性质和事故责任；

（三）提出对事故责任者的处理建议；

（四）总结事故教训，提出防范和整改措施；

（五）提交事故调查报告。

第二十六条 事故调查组有权向有关单位和个人了解与事故有关的情况，并要求其提供相关文件、资料，有关单位和个人不得拒绝。

事故发生单位的负责人和有关人员在事故调查期间不得擅离职

守，并应当随时接受事故调查组的询问，如实提供有关情况。

事故调查中发现涉嫌犯罪的，事故调查组应当及时将有关材料或者其复印件移交司法机关处理。

第二十七条　事故调查中需要进行技术鉴定的，事故调查组应当委托具有国家规定资质的单位进行技术鉴定。必要时，事故调查组可以直接组织专家进行技术鉴定。技术鉴定所需时间不计入事故调查期限。

第二十八条　事故调查组成员在事故调查工作中应当诚信公正、恪尽职守，遵守事故调查组的纪律，保守事故调查的秘密。

未经事故调查组组长允许，事故调查组成员不得擅自发布有关事故的信息。

第二十九条　事故调查组应当自事故发生之日起 60 日内提交事故调查报告；特殊情况下，经负责事故调查的人民政府批准，提交事故调查报告的期限可以适当延长，但延长的期限最长不超过 60 日。

第三十条　事故调查报告应当包括下列内容：

（一）事故发生单位概况；

（二）事故发生经过和事故救援情况；

（三）事故造成的人员伤亡和直接经济损失；

（四）事故发生的原因和事故性质；

（五）事故责任的认定以及对事故责任者的处理建议；

（六）事故防范和整改措施。

事故调查报告应当附具有关证据材料。事故调查组成员应当在事故调查报告上签名。

第三十一条　事故调查报告报送负责事故调查的人民政府后，事故调查工作即告结束。事故调查的有关资料应当归档保存。

第四章　事　故　处　理

第三十二条　重大事故、较大事故、一般事故，负责事故调查的人民政府应当自收到事故调查报告之日起 15 日内做出批复；特别重大事故，30 日内做出批复，特殊情况下，批复时间可以适当延长，但延长的时间最长不超过 30 日。

有关机关应当按照人民政府的批复，依照法律、行政法规规定的权限和程序，对事故发生单位和有关人员进行行政处罚，对负有事故责任的国家工作人员进行处分。

事故发生单位应当按照负责事故调查的人民政府的批复，对本单位负有事故责任的人员进行处理。

负有事故责任的人员涉嫌犯罪的，依法追究刑事责任。

第三十三条 事故发生单位应当认真吸取事故教训，落实防范和整改措施，防止事故再次发生。防范和整改措施的落实情况应当接受工会和职工的监督。

安全生产监督管理部门和负有安全生产监督管理职责的有关部门应当对事故发生单位落实防范和整改措施的情况进行监督检查。

第三十四条 事故处理的情况由负责事故调查的人民政府或者其授权的有关部门、机构向社会公布，依法应当保密的除外。

第五章 法 律 责 任

第三十五条 事故发生单位主要负责人有下列行为之一的，处上一年年收入 40% 至 80% 的罚款；属于国家工作人员的，并依法给予处分；构成犯罪的，依法追究刑事责任：

（一）不立即组织事故抢救的；

（二）迟报或者漏报事故的；

（三）在事故调查处理期间擅离职守的。

第三十六条 事故发生单位及其有关人员有下列行为之一的，对事故发生单位处 100 万元以上 500 万元以下的罚款；对主要负责人、直接负责的主管人员和其他直接责任人员处上一年年收入 60% 至 100% 的罚款；属于国家工作人员的，并依法给予处分；构成违反治安管理行为的，由公安机关依法给予治安管理处罚；构成犯罪的，依法追究刑事责任：

（一）谎报或者瞒报事故的；

（二）伪造或者故意破坏事故现场的；

（三）转移、隐匿资金、财产，或者销毁有关证据、资料的；

（四）拒绝接受调查或者拒绝提供有关情况和资料的；

（五）在事故调查中作伪证或者指使他人作伪证的；

（六）事故发生后逃匿的。

第三十七条　事故发生单位对事故发生负有责任的，依照下列规定处以罚款：

（一）发生一般事故的，处 10 万元以上 20 万元以下的罚款；

（二）发生较大事故的，处 20 万元以上 50 万元以下的罚款；

（三）发生重大事故的，处 50 万元以上 200 万元以下的罚款；

（四）发生特别重大事故的，处 200 万元以上 500 万元以下的罚款。

第三十八条　事故发生单位主要负责人未依法履行安全生产管理职责，导致事故发生的，依照下列规定处以罚款；属于国家工作人员的，并依法给予处分；构成犯罪的，依法追究刑事责任：

（一）发生一般事故的，处上一年年收入 30%的罚款；

（二）发生较大事故的，处上一年年收入 40%的罚款；

（三）发生重大事故的，处上一年年收入 60%的罚款；

（四）发生特别重大事故的，处上一年年收入 80%的罚款。

第三十九条　有关地方人民政府、安全生产监督管理部门和负有安全生产监督管理职责的有关部门有下列行为之一的，对直接负责的主管人员和其他直接责任人员依法给予处分；构成犯罪的，依法追究刑事责任：

（一）不立即组织事故抢救的；

（二）迟报、漏报、谎报或者瞒报事故的；

（三）阻碍、干涉事故调查工作的；

（四）在事故调查中作伪证或者指使他人作伪证的。

第四十条　事故发生单位对事故发生负有责任的，由有关部门依法暂扣或者吊销其有关证照；对事故发生单位负有事故责任的有关人员，依法暂停或者撤销其与安全生产有关的执业资格、岗位证书；事故发生单位主要负责人受到刑事处罚或者撤职处分的，自刑罚执行完毕或者受处分之日起，5 年内不得担任任何生产经营单位的主要负责人。

为发生事故的单位提供虚假证明的中介机构，由有关部门依法暂扣或者吊销其有关证照及其相关人员的执业资格；构成犯罪的，依法追究刑事责任。

第四十一条　参与事故调查的人员在事故调查中有下列行为之一的，依法给予处分；构成犯罪的，依法追究刑事责任：

（一）对事故调查工作不负责任，致使事故调查工作有重大疏漏的；

（二）包庇、袒护负有事故责任的人员或者借机打击报复的。

第四十二条　违反本条例规定，有关地方人民政府或者有关部门故意拖延或者拒绝落实经批复的对事故责任人的处理意见的，由监察机关对有关责任人员依法给予处分。

第四十三条　本条例规定的罚款的行政处罚，由安全生产监督管理部门决定。

法律、行政法规对行政处罚的种类、幅度和决定机关另有规定的，依照其规定。

第六章　附　　则

第四十四条　没有造成人员伤亡，但是社会影响恶劣的事故，国务院或者有关地方人民政府认为需要调查处理的，依照本条例的有关规定执行。

国家机关、事业单位、人民团体发生的事故的报告和调查处理，参照本条例的规定执行。

第四十五条　特别重大事故以下等级事故的报告和调查处理，有关法律、行政法规或者国务院另有规定的，依照其规定。

第四十六条　本条例自 2007 年 6 月 1 日起施行。国务院 1989 年 3 月 29 日公布的《特别重大事故调查程序暂行规定》和 1991 年 2 月 22 日公布的《企业职工伤亡事故报告和处理规定》同时废止。

附录二

中华人民共和国国务院令

第 599 号

《电力安全事故应急处置和调查处理条例》已经 2011 年 6 月 15 日国务院第 159 次常务会议通过，现予公布，自 2011 年 9 月 1 日起施行。

总理　温家宝
二〇一一年七月七日

电力安全事故应急处置和调查处理条例

第一章　总　　则

第一条　为了加强电力安全事故的应急处置工作，规范电力安全事故的调查处理，控制、减轻和消除电力安全事故损害，制定本条例。

第二条　本条例所称电力安全事故，是指电力生产或者电网运行过程中发生的影响电力系统安全稳定运行或者影响电力正常供应的事故（包括热电厂发生的影响热力正常供应的事故）。

第三条　根据电力安全事故（以下简称事故）影响电力系统安全稳定运行或者影响电力（热力）正常供应的程度，事故分为特别重大事故、重大事故、较大事故和一般事故。事故等级划分标准由本条例附表列示。事故等级划分标准的部分项目需要调整的，由国务院电力监管机构提出方案，报国务院批准。

由独立的或者通过单一输电线路与外省连接的省级电网供电的省级人民政府所在地城市，以及由单一输电线路或者单一变电站供

143

电的其他设区的市、县级市，其电网减供负荷或者造成供电用户停电的事故等级划分标准，由国务院电力监管机构另行制定，报国务院批准。

第四条 国务院电力监管机构应当加强电力安全监督管理，依法建立健全事故应急处置和调查处理的各项制度，组织或者参与事故的调查处理。

国务院电力监管机构、国务院能源主管部门和国务院其他有关部门、地方人民政府及有关部门按照国家规定的权限和程序，组织、协调、参与事故的应急处置工作。

第五条 电力企业、电力用户以及其他有关单位和个人，应当遵守电力安全管理规定，落实事故预防措施，防止和避免事故发生。

县级以上地方人民政府有关部门确定的重要电力用户，应当按照国务院电力监管机构的规定配置自备应急电源，并加强安全使用管理。

第六条 事故发生后，电力企业和其他有关单位应当按照规定及时、准确报告事故情况，开展应急处置工作，防止事故扩大，减轻事故损害。电力企业应当尽快恢复电力生产、电网运行和电力（热力）正常供应。

第七条 任何单位和个人不得阻挠和干涉对事故的报告、应急处置和依法调查处理。

第二章 事 故 报 告

第八条 事故发生后，事故现场有关人员应当立即向发电厂、变电站运行值班人员、电力调度机构值班人员或者本企业现场负责人报告。有关人员接到报告后，应当立即向上一级电力调度机构和本企业负责人报告。本企业负责人接到报告后，应当立即向国务院电力监管机构设在当地的派出机构（以下称事故发生地电力监管机构）、县级以上人民政府安全生产监督管理部门报告；热电厂事故影响热力正常供应的，还应当向供热管理部门报告；事故涉及水电厂（站）大坝安全的，还应当同时向有管辖权的水行政主管部门或者流域管理机构报告。

电力企业及其有关人员不得迟报、漏报或者瞒报、谎报事故情况。

第九条　事故发生地电力监管机构接到事故报告后，应当立即核实有关情况，向国务院电力监管机构报告；事故造成供电用户停电的，应当同时通报事故发生地县级以上地方人民政府。

对特别重大事故、重大事故，国务院电力监管机构接到事故报告后应当立即报告国务院，并通报国务院安全生产监督管理部门、国务院能源主管部门等有关部门。

第十条　事故报告应当包括下列内容：

（一）事故发生的时间、地点（区域）以及事故发生单位；

（二）已知的电力设备、设施损坏情况，停运的发电（供热）机组数量、电网减供负荷或者发电厂减少出力的数值、停电（停热）范围；

（三）事故原因的初步判断；

（四）事故发生后采取的措施、电网运行方式、发电机组运行状况以及事故控制情况；

（五）其他应当报告的情况。

事故报告后出现新情况的，应当及时补报。

第十一条　事故发生后，有关单位和人员应当妥善保护事故现场以及工作日志、工作票、操作票等相关材料，及时保存故障录波图、电力调度数据、发电机组运行数据和输变电设备运行数据等相关资料，并在事故调查组成立后将相关材料、资料移交事故调查组。

因抢救人员或者采取恢复电力生产、电网运行和电力供应等紧急措施，需要改变事故现场、移动电力设备的，应当作出标记、绘制现场简图，妥善保存重要痕迹、物证，并作出书面记录。

任何单位和个人不得故意破坏事故现场，不得伪造、隐匿或者毁灭相关证据。

第三章　事故应急处置

第十二条　国务院电力监管机构依照《中华人民共和国突发事件应对法》和《国家突发公共事件总体应急预案》，组织编制国家处置电网大面积停电事件应急预案，报国务院批准。

有关地方人民政府应当依照法律、行政法规和国家处置电网大面积停电事件应急预案，组织制定本行政区域处置电网大面积停电事件应急预案。

处置电网大面积停电事件应急预案应当对应急组织指挥体系及职责，应急处置的各项措施，以及人员、资金、物资、技术等应急保障作出具体规定。

第十三条　电力企业应当按照国家有关规定，制定本企业事故应急预案。

电力监管机构应当指导电力企业加强电力应急救援队伍建设，完善应急物资储备制度。

第十四条　事故发生后，有关电力企业应当立即采取相应的紧急处置措施，控制事故范围，防止发生电网系统性崩溃和瓦解；事故危及人身和设备安全的，发电厂、变电站运行值班人员可以按照有关规定，立即采取停运发电机组和输变电设备等紧急处置措施。

事故造成电力设备、设施损坏的，有关电力企业应当立即组织抢修。

第十五条　根据事故的具体情况，电力调度机构可以发布开启或者关停发电机组、调整发电机组有功和无功负荷、调整电网运行方式、调整供电调度计划等电力调度命令，发电企业、电力用户应当执行。

事故可能导致破坏电力系统稳定和电网大面积停电的，电力调度机构有权决定采取拉限负荷、解列电网、解列发电机组等必要措施。

第十六条　事故造成电网大面积停电的，国务院电力监管机构和国务院其他有关部门、有关地方人民政府、电力企业应当按照国家有关规定，启动相应的应急预案，成立应急指挥机构，尽快恢复电网运行和电力供应，防止各种次生灾害的发生。

第十七条　事故造成电网大面积停电的，有关地方人民政府及有关部门应当立即组织开展下列应急处置工作：

（一）加强对停电地区关系国计民生、国家安全和公共安全的重点单位的安全保卫，防范破坏社会秩序的行为，维护社会稳定；

（二）及时排除因停电发生的各种险情；

（三）事故造成重大人员伤亡或者需要紧急转移、安置受困人员的，及时组织实施救治、转移、安置工作；

（四）加强停电地区道路交通指挥和疏导，做好铁路、民航运输以及通信保障工作；

（五）组织应急物资的紧急生产和调用，保证电网恢复运行所需物资和居民基本生活资料的供给。

第十八条　事故造成重要电力用户供电中断的，重要电力用户应当按照有关技术要求迅速启动自备应急电源；启动自备应急电源无效的，电网企业应当提供必要的支援。

事故造成地铁、机场、高层建筑、商场、影剧院、体育场馆等人员聚集场所停电的，应当迅速启用应急照明，组织人员有序疏散。

第十九条　恢复电网运行和电力供应，应当优先保证重要电厂厂用电源、重要输变电设备、电力主干网架的恢复，优先恢复重要电力用户、重要城市、重点地区的电力供应。

第二十条　事故应急指挥机构或者电力监管机构应当按照有关规定，统一、准确、及时发布有关事故影响范围、处置工作进度、预计恢复供电时间等信息。

第四章　事　故　调　查　处　理

第二十一条　特别重大事故由国务院或者国务院授权的部门组织事故调查组进行调查。

重大事故由国务院电力监管机构组织事故调查组进行调查。

较大事故、一般事故由事故发生地电力监管机构组织事故调查组进行调查。国务院电力监管机构认为必要的，可以组织事故调查组对较大事故进行调查。

未造成供电用户停电的一般事故，事故发生地电力监管机构也可以委托事故发生单位调查处理。

第二十二条　根据事故的具体情况，事故调查组由电力监管机构、有关地方人民政府、安全生产监督管理部门、负有安全生产监督管理职责的有关部门派人组成；有关人员涉嫌失职、渎职或者涉嫌犯罪的，应当邀请监察机关、公安机关、人民检察院派人参加。

根据事故调查工作的需要，事故调查组可以聘请有关专家协助调查。

事故调查组组长由组织事故调查组的机关指定。

第二十三条 事故调查组应当按照国家有关规定开展事故调查，并在下列期限内向组织事故调查组的机关提交事故调查报告：

（一）特别重大事故和重大事故的调查期限为 60 日；特殊情况下，经组织事故调查组的机关批准，可以适当延长，但延长的期限不得超过 60 日。

（二）较大事故和一般事故的调查期限为 45 日；特殊情况下，经组织事故调查组的机关批准，可以适当延长，但延长的期限不得超过 45 日。

事故调查期限自事故发生之日起计算。

第二十四条 事故调查报告应当包括下列内容：

（一）事故发生单位概况和事故发生经过；

（二）事故造成的直接经济损失和事故对电网运行、电力（热力）正常供应的影响情况；

（三）事故发生的原因和事故性质；

（四）事故应急处置和恢复电力生产、电网运行的情况；

（五）事故责任认定和对事故责任单位、责任人的处理建议；

（六）事故防范和整改措施。

事故调查报告应当附具有关证据材料和技术分析报告。事故调查组成员应当在事故调查报告上签字。

第二十五条 事故调查报告报经组织事故调查组的机关同意，事故调查工作即告结束；委托事故发生单位调查的一般事故，事故调查报告应当报经事故发生地电力监管机构同意。

有关机关应当依法对事故发生单位和有关人员进行处罚，对负有事故责任的国家工作人员给予处分。

事故发生单位应当对本单位负有事故责任的人员进行处理。

第二十六条 事故发生单位和有关人员应当认真吸取事故教

训，落实事故防范和整改措施，防止事故再次发生。

电力监管机构、安全生产监督管理部门和负有安全生产监督管理职责的有关部门应当对事故发生单位和有关人员落实事故防范和整改措施的情况进行监督检查。

第五章 法 律 责 任

第二十七条 发生事故的电力企业主要负责人有下列行为之一的，由电力监管机构处其上一年年收入 40% 至 80% 的罚款；属于国家工作人员的，并依法给予处分；构成犯罪的，依法追究刑事责任：

（一）不立即组织事故抢救的；

（二）迟报或者漏报事故的；

（三）在事故调查处理期间擅离职守的。

第二十八条 发生事故的电力企业及其有关人员有下列行为之一的，由电力监管机构对电力企业处 100 万元以上 500 万元以下的罚款；对主要负责人、直接负责的主管人员和其他直接责任人员处其上一年年收入 60% 至 100% 的罚款，属于国家工作人员的，并依法给予处分；构成违反治安管理行为的，由公安机关依法给予治安管理处罚；构成犯罪的，依法追究刑事责任：

（一）谎报或者瞒报事故的；

（二）伪造或者故意破坏事故现场的；

（三）转移、隐匿资金、财产，或者销毁有关证据、资料的；

（四）拒绝接受调查或者拒绝提供有关情况和资料的；

（五）在事故调查中作伪证或者指使他人作伪证的；

（六）事故发生后逃匿的。

第二十九条 电力企业对事故发生负有责任的，由电力监管机构依照下列规定处以罚款：

（一）发生一般事故的，处 10 万元以上 20 万元以下的罚款；

（二）发生较大事故的，处 20 万元以上 50 万元以下的罚款；

（三）发生重大事故的，处 50 万元以上 200 万元以下的罚款；

（四）发生特别重大事故的，处 200 万元以上 500 万元以下的罚款。

第三十条 电力企业主要负责人未依法履行安全生产管理职责，导致事故发生的，由电力监管机构依照下列规定处以罚款；属于国家工作人员的，并依法给予处分；构成犯罪的，依法追究刑事责任：

（一）发生一般事故的，处其上一年年收入 30%的罚款；

（二）发生较大事故的，处其上一年年收入 40%的罚款；

（三）发生重大事故的，处其上一年年收入 60%的罚款；

（四）发生特别重大事故的，处其上一年年收入 80%的罚款。

第三十一条 电力企业主要负责人依照本条例第二十七条、第二十八条、第三十条规定受到撤职处分或者刑事处罚的，自受处分之日或者刑罚执行完毕之日起 5 年内，不得担任任何生产经营单位主要负责人。

第三十二条 电力监管机构、有关地方人民政府以及其他负有安全生产监督管理职责的有关部门有下列行为之一的，对直接负责的主管人员和其他直接责任人员依法给予处分；直接负责的主管人员和其他直接责任人员构成犯罪的，依法追究刑事责任：

（一）不立即组织事故抢救的；

（二）迟报、漏报或者瞒报、谎报事故的；

（三）阻碍、干涉事故调查工作的；

（四）在事故调查中作伪证或者指使他人作伪证的。

第三十三条 参与事故调查的人员在事故调查中有下列行为之一的，依法给予处分；构成犯罪的，依法追究刑事责任：

（一）对事故调查工作不负责任，致使事故调查工作有重大疏漏的；

（二）包庇、袒护负有事故责任的人员或者借机打击报复的。

第六章 附　　则

第三十四条 发生本条例规定的事故，同时造成人员伤亡或者直接经济损失，依照本条例确定的事故等级与依照《生产安全事故报告和调查处理条例》确定的事故等级不相同的，按事故等级较高者确定事故等级，依照本条例的规定调查处理；事故造成人员伤亡，构成《生产安全事故报告和调查处理条例》规定的重大事故或者特别重大事故的，依照《生产安全事故报告和调查处理条例》的规定调查处理。

　　电力生产或者电网运行过程中发生发电设备或者输变电设备损坏，造成直接经济损失的事故，未影响电力系统安全稳定运行以及电力正常供应的，由电力监管机构依照《生产安全事故报告和调查处理条例》的规定组成事故调查组对重大事故、较大事故、一般事故进行调查处理。

　　第三十五条　本条例对事故报告和调查处理未作规定的，适用《生产安全事故报告和调查处理条例》的规定。

　　第三十六条　核电厂核事故的应急处置和调查处理，依照《核电厂核事故应急管理条例》的规定执行。

　　第三十七条　本条例自 2011 年 9 月 1 日起施行。

　　附：

电力安全事故等级划分标准

事故等级 ＼ 判定项	造成电网减供负荷的比例	造成城市供电用户停电的比例	发电厂或者变电站因安全故障造成全厂（站）对外停电的影响和持续时间	发电机组因安全故障停运的时间和后果	供热机组对外停止供热的时间
特别重大事故	区域性电网减供负荷 30%以上 电网负荷 20000 兆瓦以上的省、自治区电网，减供负荷 30%以上 电网负荷 5000 兆瓦以上 20000 兆瓦以下的省、自治区电网，减供负荷 40%以上 直辖市电网减供负荷 50%以上 电网负荷 2000 兆瓦以上的省、自治区人民政府所在地城市电网减供负荷 60%以上	直辖市 60%以上供电用户停电 电网负荷 2000 兆瓦以上的省、自治区人民政府所在地城市 70%以上供电用户停电			

151

判定项 事故 等级	造成电网减供负荷 的比例	造成城市供电 用户停电的 比例	发电厂或者变 电站因安全故 障造成全厂 （站）对外停电 的影响和持续 时间	发电机组 因安全故 障停运的 时间和 后果	供热机 组对外 停止供 热的 时间
重大 事故	区域性电网减供负荷 10%以上30%以下 电网负荷 0000兆瓦以上的省、自治区电网，减供负荷13%以上30%以下 电网负荷 5000兆瓦以上20000兆瓦以下的省、自治区电网，减供负荷16%以上40%以下 电网负荷 1000兆瓦以上 5000兆瓦以下的省、自治区电网，减供负荷50%以上 直辖市电网减供负荷 20%以上50%以下 省、自治区人民政府所在地城市电网减供负荷40%以上（电网负荷2000兆瓦以上的，减供负荷40%以上60%以下） 电网负荷 600兆瓦以上的其他设区的市电网减供负荷60%以上	直辖市30%以上60%以下供电用户停电 省、自治区人民政府所在地城市50%以上供电用户停电（电网负荷2000兆瓦以上的，50%以上70%以下） 电网负荷600兆瓦以上的其他设区的市 70%以上供电用户停电			
较大 事故	区域性电网减供负荷7%以上10%以下	直辖市15%以上30%以下	发电厂或者220千伏以上		

判定项 事故 等级	造成电网减供负荷的比例	造成城市供电用户停电的比例	发电厂或者变电站因安全故障造成全厂（站）对外停电的影响和持续时间	发电机组因安全故障停运的时间和后果	供热机组对外停止供热的时间
较大事故	电网负荷 20000兆瓦以上的省、自治区电网，减供负荷10%以上 13%以下 电网负荷 5000兆瓦以上 20000 兆瓦以下的省、自治区电网，减供负荷12%以上 16%以下 电网负荷 1000兆瓦以上 5000 兆瓦以下的省、自治区电网，减供负荷20%以上 50%以下 电网负荷 1000兆瓦以下的省、自治区电网，减供负荷40%以上 直辖市电网减供负荷 10%以上20%以下 省、自治区人民政府所在地城市电网减供负荷 20%以上 40%以下 其他设区的市电网减供负荷 40%以上（电网负荷600 兆瓦以上的，减供负荷40%以上60%以下） 电网负荷 150兆瓦以上的县级市电网减供负荷 60%以上	供电用户停电省、自治区人民政府所在地城市30%以上 50%以下供电用户停电 其他设区的市 50%以上供电用户停电（电网负荷600兆瓦以上的，50%以上 70%以下） 电网负荷150 兆瓦以上的县级市70%以上供电用户停电	变电站因安全故障造成全厂（站）对外停电，导致周边电压监视控制点电压低于调度机构规定的电压曲线值20%并且持续时间 30 分钟以上，或者导致周边电压监视控制点电压低于调度机构规定的电压曲线值 10%并且持续时间 1 小时以上	发电机组因安全故障停止运行超过行业标准规定的大修理时间两周，并导致电网减供负荷	供热机组装机容量200 兆瓦以上的热电厂，在当地人民政府规定的采暖期内发生 2台以上机组因安全故障停止运行，造成全厂对外停止供热并且持续时间48 小时以上

全国电力建设人身伤亡典型事故汇编（2005—2012 年）

事故等级 \ 判定项	造成电网减供负荷的比例	造成城市供电用户停电的比例	发电厂或者变电站因安全故障造成全厂（站）对外停电的影响和持续时间	发电机组因安全故障停运的时间和后果	供热机组对外停止供热的时间
一般事故	区域性电网减供负荷 4%以上 7%以下 电网负荷 20000 兆瓦以上的省、自治区电网，减供负荷 5%以上 10%以下 电网负荷 5000 兆瓦以上 20000 兆瓦以下的省、自治区电网，减供负荷 6%以上 12%以下 电网负荷 1000 兆瓦以上 5000 兆瓦以下的省、自治区电网，减供负荷 10%以上 20%以下 电网负荷 1000 兆瓦以下的省、自治区电网，减供负荷 25%以上 40%以下 直辖市电网减供负荷 5%以上 10%以下 省、自治区人民政府所在地城市电网减供负荷 10%以上 20%以下 其他设区的市电网减供负荷 20%以上 40%以下	直辖市 10%以上 15%以下供电用户停电 省、自治区人民政府所在地城市 15%以上 30%以下供电用户停电 其他设区的市 30%以上 50%以下供电用户停电	发电厂或者 220 千伏以上变电站因安全故障造成全厂（站）对外停电，导致周边电压监视控制	发电机组因安全故障停止运行超过行业标准规定的小	供热机组装机容量 200 兆瓦以上的热电厂，在当地政府规定的采暖期内发生 2 台以上供热机组因故障安全停止运行，造

154

续表

判定项 事故 等级	造成电网减供负荷 的比例	造成城市供电 用户停电的 比例	发电厂或者变 电站因安全故 障造成全厂 （站）对外停电 的影响和持续 时间	发电机组 因安全故 障停运的 时间和 后果	供热机 组对外 停止供 热的 时间
一般 事故	县级市减供负 荷 40%以上（电网 负荷 150 兆瓦以上 的，减供负荷 40% 以上 60%以下）	县级市 50% 以上供电用户 停电（电网负荷 150 兆瓦以 上的，50%以 上 70%以下）	点电压低于调 度机构规定的 电压曲线值5% 以上 10%以下 并且持续时间 2 小时以上	修时间两 周，并导 致电网减 供负荷	成全厂对外停止供热并且持续时间24小时以上

注：1. 符合本表所列情形之一的，即构成相应等级的电力安全事故。
　　2. 本表中所称的"以上"包括本数，"以下"不包括本数。
　　3. 本表下列用语的含义：
　（1）电网负荷，是指电力调度机构统一调度的电网在事故发生起始时
　　　　刻的实际负荷；
　（2）电网减供负荷，是指电力调度机构统一调度的电网在事故发生期
　　　　间的实际负荷最大减少量；
　（3）全厂对外停电，是指发电厂对外有功负荷降到零（虽电网经发电
　　　　厂母线传送的负荷没有停止，仍视为全厂对外停电）；
　（4）发电机组因安全故障停止运行，是指并网运行的发电机组（包括
　　　　各种类型的电站锅炉、汽轮机、燃气轮机、水轮机、发电机和主
　　　　变压器等主要发电设备），在未经电力调度机构允许的情况下，因
　　　　安全故障需要停止运行的状态。

附录三

电力建设安全生产监督管理办法

电监安全〔2007〕38 号

第一条 为了加强电力建设工程安全生产监督管理，明确安全生产责任，预防安全生产事故，保障人民群众生命和财产安全，根据《中华人民共和国安全生产法》、《中华人民共和国电力法》、《电力监管条例》、《建设工程安全生产管理条例》，制定本办法。

第二条 本办法适用于电力建设工程的新建、扩建、改建、拆除等有关活动，以及国家电力监管委员会及其派出机构（以下简称电力监管机构）实施的对电力建设工程安全生产的监督管理。

本办法所称电力建设工程，包括火电、水电、核电、风电等发电建设工程，输配电建设工程及其他电力设施建设工程。

核电核岛部分建设工程和国务院有关部门负责管理的水电建设工程，国家另有规定的，从其规定。

第三条 电力建设工程安全生产坚持安全第一、预防为主、综合治理的方针。

第四条 电力建设、勘察（测）、设计、施工、监理等单位必须遵守有关安全生产的法律、法规和规章，建立安全生产保证体系和监督体系，建立健全安全生产责任制和安全生产规章制度。

第五条 国家电力监管委员会负责全国电力建设工程安全生产的监督管理工作。国家电力监管委员会派出机构负责辖区内电力建设工程安全生产的监督管理工作。

第六条 电力建设单位对电力建设工程安全生产负全面管理责任，履行电力建设工程安全生产组织、协调、监督职责。实行工程总承包的工程，工程总承包单位应当按照合同约定，履行电力建设单位对工程项目的安全生产责任；电力建设单位应当监督工程总承包单位履行对工程项目的安全生产责任。

第七条　电力建设单位主要负责人、项目负责人、安全生产管理人员应当按照国家有关规定接受安全教育培训，接受初次安全培训时间不得少于 32 学时，每年接受再培训时间不得少于 12 学时。

第八条　电力建设单位应当按照国家有关高危行业企业安全生产费用财务管理规定，在工程概算中计列电力建设工程安全生产费用。电力建设工程安全生产费用在投标过程中不得列入投标竞争性报价，不得调减或者挪用。

第九条　电力建设单位应当在工程招标文件中对投标单位的资质、安全生产条件、安全生产信用、安全生产费用提取、安全生产保障措施等提出明确要求。

第十条　电力建设单位应当审查投标单位主要负责人、项目负责人、专职安全生产管理人员是否达到国家有关安全生产许可证规定的考核要求。投标单位主要负责人、项目负责人、专职安全生产管理人员未达到考核要求的，不得认定投标单位具备投标资格。

第十一条　电力建设单位应当在电力建设工程项目开工报告批准之日起 15 个工作日内，将电力建设工程项目的安全生产管理情况向所在地电力监管机构备案。电力建设工程项目安全生产管理情况发生变化的，电力建设单位应当及时向电力监管机构报告。

前款所称安全生产管理情况，包括项目概况、项目安全生产保证体系和监督体系、安全生产管理机构及相关负责人、安全生产规章制度、安全投入计划、施工组织方案、安全应急预案等内容。

第十二条　电力建设单位应当向电力施工单位提供施工现场及毗邻区域内地下各种管线资料，气象、水文和地质资料，相邻建筑物和构筑物、地下隐蔽工程的有关资料，并保证资料的真实、准确、完整，满足安全生产的要求。

第十三条　电力建设单位不得向勘察（测）、设计、施工、监理、调试、监造等单位提出不符合有关安全生产法律、法规、规章和强制性标准的要求。

电力建设单位应当执行定额工期，不得压缩合同约定的工期，不得指定专业及劳务分包单位。

第十四条　电力建设单位应当保证所采购的设备、材料达到质量和安全要求，不得明示或者暗示施工单位购买、租赁、使用不符合安全施工要求的设备、材料及用具。

第十五条 电力建设单位应当组织制定电力建设工程项目的各类安全应急预案，定期组织演练。发生电力建设安全生产事故后，电力建设单位应当及时启动相关应急预案，采取有效措施，最大程度减少人员伤亡、财产损失，防止事故扩大。

第十六条 电力勘察（测）单位应当按照法律、法规、规章和工程建设强制性标准进行勘察（测），提供勘察（测）文件应当真实、准确，防止由于勘察（测）原因导致安全生产事故发生。

电力勘察（测）单位在勘察（测）作业时，应当执行操作规程，采取措施保证作业人员安全，保障勘察（测）地各类管线、设施和周边建筑物、构筑物安全。

第十七条 电力设计单位应当按照法律、法规、规章和工程建设强制性标准进行设计，及时变更不能满足安全生产要求的设计，防止因设计不合理导致安全生产事故发生或者留下安全隐患。

电力设计单位应当根据施工安全操作和防护的需要，在设计文件中注明涉及施工安全的重点部位和环节，并对防范安全生产事故提出指导意见。

对于采用新技术、新材料、新工艺和特殊结构的电力建设工程，电力设计单位应当在设计文件中提出保障施工作业人员安全和预防安全生产事故的措施建议。

电力设计单位应当按照国家有关规定，在工程概算中计列电力建设工程安全生产费用，明确安全生产费用的名目、使用范围。

第十八条 电力监理单位协助电力建设单位实施电力建设工程项目安全生产管理，做到安全生产监理与工程质量控制、工期控制、投资控制的同步实施。

电力监理单位应当编制电力建设工程项目安全监理实施细则。实施细则应当明确安全监理的方法、措施、控制要点和安全技术措施的检查方案。电力监理单位应当按照实施细则对电力施工单位、调试单位和试运行单位实施安全监理。

电力监理单位应当按照工程建设强制性标准和安全生产标准及

时审查工程设计方案、施工组织设计中的安全技术措施和专项施工方案。

电力监理单位在实施监理过程中，发现存在安全生产事故隐患时，应当立即要求电力施工单位进行整改；情况严重的，应当责令电力施工单位暂停施工，并及时报告电力建设单位。

第十九条 电力勘察（测）单位、设计单位、监理单位的主要负责人、项目负责人、安全生产管理人员等应当按照国家有关规定接受安全教育培训，方可上岗。

第二十条 电力施工单位对施工现场的安全生产负责，执行电力建设单位对施工现场安全生产管理的有关规定，对电力建设单位违反有关安全生产法律、法规、规章和强制性标准的要求应当拒绝。

第二十一条 电力施工单位应当具备国家规定的安全生产条件，具备相应等级的资质证书并依法取得安全生产许可证，在许可的范围内从事电力建设工程施工活动。

第二十二条 电力施工单位主要负责人对本单位的安全生产工作负责，电力施工单位项目负责人对项目的安全施工负责。

第二十三条 电力施工单位应当设置安全生产管理机构，配备与其生产规模相适应、符合国家有关安全生产许可证规定的专职安全生产管理人员。

第二十四条 电力施工单位应当保证安全生产条件所需资金的投入，不得调减或者挪用建设单位施工承包合同中规定的安全生产费用。

安全生产费用的使用应当接受电力建设单位、电力监理单位的监督。

第二十五条 电力建设工程实行施工总承包的，分包合同中应当明确各自在安全生产方面的权利、义务。总承包单位对施工现场的安全生产负总责，分包单位应当服从施工总承包单位的安全生产管理，施工总承包单位和分包单位对分包工程的安全生产承担连带责任。

第二十六条 电力施工单位应当编制安全技术措施，对下列达到国家规定的危险性较大的分部分项工程编制专项施工方案，并附具安全验算结果：

（一）基坑支护与降水工程、围堰工程、沉井工程；

（二）土方和石方开挖工程；

（三）模板工程、脚手架工程；

（四）起重吊装工程、钢结构工程；

（五）高空、水上、潜水、带电作业；

（六）拆除工程、爆破工程、地下工程；

（七）锅炉和汽机管道吹扫、锅炉酸洗作业；

（八）高压容器压力试验；

（九）国家有关部门规定的其他危险性较大的工程。

安全技术措施经电力施工单位技术负责人、总监理工程师签字后实施。

第二十七条 电力施工单位的安全培训教育、安全技术交底和现场安全警示标志、安全防护设施设置，应当符合有关法律、法规、规章和标准的规定。

电力建设工程施工现场的办公区、生活区与作业区应当分开设置，并保持安全距离。

第二十八条 电力施工单位应当对因电力建设工程施工可能造成损害和影响的毗邻建筑物、构筑物、地下管线、架空线缆、设施及周边环境采取专项防护措施。

第二十九条 电力施工单位应当按照国家有关规定采购、租赁、验收、检测、发放、使用、管理安全防护用具、机械设备、整体提升脚手架和模板、自升式架设设施、特种设施等。

第三十条 制造、安装、维修、拆卸电力施工起重机械、整体提升模板、压力容器和大型施工脚手架等特种设施的单位，必须具有国家规定的相应资质，并按照国家有关规定进行制造、安装、验收、维修、拆卸。

第三十一条 电力施工单位的主要负责人、项目负责人、专职安全生产管理人员、特种作业人员应当按照国家有关规定接受安全教育培训，考核合格方可上岗。

第三十二条 电力施工单位进行调试、试运行时，应当按照法律、法规、规章和工程建设强制性标准，编制调试大纲和试验方案，并对各项试验方案制定安全措施。

第三十三条　电力施工单位应当根据电力建设工程项目的特点和范围，对施工现场容易引发安全生产事故的危险源、危险部位、危险环节进行监控，制定施工现场安全应急预案。实行施工总承包的，由施工总承包单位组织分包单位编制施工现场安全应急预案。

电力施工单位应当建立应急救援组织、配备应急物资和器材，定期组织演练。

第三十四条　电力监管机构履行下列电力建设工程安全生产监督管理职责：

（一）贯彻、执行有关安全生产法律、法规和国家政策，制定电力建设工程安全生产规章、规定；

（二）监督、指导电力建设工程安全生产工作，组织开展电力建设工程安全生产情况的监督检查；

（三）监督、指导电力建设工程施工应急救援管理工作，参与电力建设工程安全生产事故的调查与处理。

第三十五条　电力监管机构履行电力建设工程安全生产监督检查职责时，有权采取下列措施：

（一）要求被检查单位提供有关安全生产的文件和资料（含相关照片、录像及电子文本等）；

（二）进入被检查单位施工现场进行检查；

（三）纠正施工中违反安全生产要求的行为；

（四）对检查中发现的安全生产事故隐患，责令立即排除；重大安全生产事故隐患排除过程中无法保证安全的，责令从危险区域内撤出作业人员或者暂时停止施工。

第三十六条　违反本办法有关规定的，由电力监管机构依法追究其责任。

第三十七条　违反本办法有关规定，依法应当给予行政处罚的，由电力监管机构依照有关法律、法规、规章执行。

第三十八条　电力建设工程安全生产事故的报告、调查和处理，依照国家有关规定执行。

第三十九条　本办法自公布之日起施行。

附录四

国家电力监管委员会令

第 2 号[①]

《电力安全生产监管办法》已经国家电力监管委员会主席办公会议通过，现予公布，自公布之日起施行。

主席　柴松岳

二〇〇四年三月九日

电力安全生产监管办法

第一章　总　　则

第一条　为了有效实施电力安全生产监管，保障电力系统安全，维护社会稳定，依据《中华人民共和国安全生产法》、《中华人民共和国电力法》等有关法律法规，制定本办法。

第二条　电力安全生产必须坚持"安全第一，预防为主"的方针。

第三条　电力安全生产的目标是维护电力系统安全稳定，保证电力正常供应，防止和杜绝人身死亡、大面积停电、主设备严重损坏、电厂垮坝、重大火灾等重、特大事故以及对社会造成重大影响的事故发生。

第四条　国家提倡和鼓励电力企业使用、研制和不断推广有利于保证电力系统安全、可靠的先进适用的技术装备和采用科学的管理方法，实现电力安全生产的技术创新和管理创新。

第五条　本办法适用于在中华人民共和国境内从事电力生产和

---

① 请读者及时关注此文件的修订信息。

经营的电网经营企业、供电企业、发电企业。

第二章　电力安全生产监督管理

第六条　按照国务院授权，国家电力监管委员会（以下简称电监会）具体负责全国电力安全生产监督管理工作，国家安全生产监督管理局负责全国电力安全生产综合管理工作。

第七条　电监会设立电力安全生产监管机构，行使以下电力安全监督管理职责：

（一）负责依法组织制定电力安全生产的规章、标准。

（二）组织电力安全生产大检查，督促落实安全生产各项措施。

（三）负责全国电力安全生产信息的统计、分析、发布。

（四）对全国电力行业发生的重大、特大安全生产事故组织调查。

（五）组织对电力企业安全生产状况进行检查、诊断、分析和评估。

（六）对电力安全生产工作中做出贡献者给予表彰奖励，对事故负有责任的单位和人员提出处罚建议。

第三章　电力企业安全生产责任

第八条　电力企业是电力安全生产的责任主体。国家电网公司和中国南方电网有限责任公司分别负责所辖范围内的电网安全，南方电网与其他区域电网联网线路的安全责任由国家电网公司承担，具体在联网协议中明确。发电企业按照"谁主管、谁负责"的原则分别对所辖范围内的企业安全生产负责。

第九条　各电力企业对本单位的安全生产全面负责。其主要行政负责人是安全生产第一责任人。

（一）建立并层层落实安全生产责任制。

（二）建立健全电力安全生产保证体系和电力安全生产监督体系；严格遵守国家有关电力安全的法律、法规及行业规程、标准。

（三）制定电力安全生产事故应急处理预案。

（四）督促、检查安全生产工作，及时消除事故隐患。

（五）实施安全生产教育培训。

第四章　电力系统安全

第十条　电网经营企业、供电企业、发电企业、电力用户有责任共同维护电力系统的安全稳定。

第十一条　电力系统运行坚持统一调度、分级管理的原则，建立统一、科学的调度协调体系。

第十二条　电网运行管理部门和电网调度机构应当严格执行《电力系统安全稳定导则》，防止电网失稳导致崩溃；组织编制适合本网实际的事故应急处理预案。

第十三条　各级电网调度机构是电网事故处理的指挥中心，值班调度员是电网事故处理的指挥员。

调度机构应当加强网、厂协调，建立电力系统安全的长效机制，严格执行调度规程，做到令行禁止。

发生危及电力系统安全的事故或遇有危及电网安全的情况时，调度机构有权采取必要的手段和应急措施。

第十四条　并网运行的发电厂，其涉及电网安全、稳定的励磁系统和调速系统，继电保护系统和安全自动装置，调度通信和自动化设备等应当满足所在电网的要求。

第十五条　电力用户应当满足电网安全性要求，遵守安全用电的规定。

第十六条　电力企业要加强电力设施保护，严防违章施工、偷盗电力设施等严重危害电力安全的情况发生。

第五章　电力安全生产信息报送

第十七条　各电网经营企业、供电企业、发电企业要按照电监会关于电力安全生产信息报送的规定报送电力安全生产信息。

第十八条　发生重大、特大人身事故、电网事故、设备损坏事故、电厂垮坝事故和火灾事故时，要立即向电监会报告，时间不得超过 24 小时。同时抄报国家安全生产监督管理局和所在地政府有关部门。

第十九条　电力安全生产信息的报送应当及时、准确，不得隐瞒不报、谎报或者拖延不报。

第六章　事故调查处理

第二十条　电力企业发生事故后，事故现场有关人员应当立即报告本单位负责人。单位负责人接到事故报告后，应当迅速采取有效措施，组织抢救，防止事故扩大，减少人员伤亡和财产损失，并按照规定向有关单位报告。

第二十一条　事故调查处理权限：

死亡 3 人以上或 500 万元（人民币）以上直接损失的重、特大事故，以及电网大面积停电事故，由电监会负责调查处理。其中造成死亡 30 人以上或 2000 万元（人民币）以上直接损失的特大事故按照国家安全生产监督管理局的要求，由国家安全生产监督管理局负责调查处理。

电监会认为有必要调查的事故，也遵从本规定。

第二十二条　事故调查应当按照实事求是、尊重科学的原则，及时、准确地查明事故原因、事故性质和事故责任，总结事故教训，提出整改措施，并对事故责任者提出处理意见。

第二十三条　在事故调查时，事故调查单位有权采取下列措施：

（一）对事故现场进行调查取证，要求发生事故所在单位和相关人员保护好事故现场，并提供与事故有关的原始记录、资料及其他有关材料。

（二）要求事故单位和相关人员就事故涉及的问题限期做出解释和说明。

（三）认为有必要的其他措施。

第二十四条　事故发生后，经调查确定为责任事故的，电监会将依照有关法律、法规的规定追究责任单位和责任人的责任。

第七章　附　　则

第二十五条　电网经营企业、供电企业、发电企业可以依据本办法制订实施办法。

第二十六条　本办法自发布之日起施行。

附录五

电力安全生产信息报送暂行规定①

第一条 为加强电力安全生产信息统计、分析工作，总结事故经验教训，研究事故规律，制定预防措施，提高安全生产管理水平，依据《中华人民共和国安全生产法》、《中华人民共和国电力法》等法律法规，制定本规定。

第二条 电力安全生产信息的报送，应准确、及时和完整。

第三条 电力安全生产统计报表分月报和年报（见附表 1、2）。每月快报在下月 5 日前报出，正式月报在下月 17 日前报出。年报在次年 1 月底前报出。月报和年报应附安全生产情况分析报告。

发生重大、特大人身伤亡事故、电网事故、设备事故、火灾事故、电厂垮坝事故以及对社会造成严重影响的停电事故，应当立即将事故发生的时间、地点、事故状况、正在采取的紧急措施等情况向国家电力监管委员会（以下简称电监会）报告，最迟不得超过 24 小时。

发生人身死亡和本条第二款的事故，应当按照管理权限对事故进行调查，事故调查报告书（见附表 3、4、5）应在 45 天内上报电监会。

第四条 事故标准认定：暂执行原国家电力公司颁布的《电业生产事故调查规程》（国电发〔2000〕643 号）。

第五条 统计报表、事故调查报告书以书面文件和电子版方式报送。

重大事项以电话、电报和传真方式报告。

第六条 国家电网公司和中国南方电网有限责任公司分别负责所辖范围的电网经营企业安全生产信息汇总和报送，南方电网与其他区域电网联网线路的安全生产信息报送由国家电网公司负责。

---

①请读者及时关注此文件的修订信息。

　　属于集团化管理的发电企业，安全生产信息由集团公司负责汇总、报送，独立法人经营的发电企业单独报送本企业安全生产信息。

　　第七条　电监会定期发布全国电力安全生产信息，印发安全生产简报。

　　第八条　对违反规定者，电监会将依法进行处理。

　　第九条　本规定自发布之日起执行。

　　附表 1　发电企业电力生产事故月（年）综合统计表（略）
　　附表 2　电网企业电力生产事故月（年）综合统计表（略）
　　附表 3　人身死亡事故调查报告书（略）
　　附表 4　重大、特大电网事故调查报告书（略）
　　附表 5　重大、特大设备事故调查报告书（略）

官图》——这应是中国漫画史第一幅反腐败的漫画了。他投稿给《醒俗画报》，揭露这一丑闻。刊物的主办人吴子洲胆小怕事，阻挠这一图画新闻的发表，因之主笔陆辛农与另一刊物主办人温子英愤然而去。一时此事也成了新闻。

后来，解体后的《醒俗画报》改名为《醒华画报》。馆址迁至当时的奥租界大马路（今建国道）。办刊的方针并没有改变，一直坚持着《醒俗画报》创刊以来锐意批评的思想倾向。尤其是在图画新闻上的自由评点，犀利而尖刻，为全国任何同类刊物所不及。此外，还增加了绘图小说、科技常识、趣味猜谜等内容，更符合大众生活的需求。至于封面图案，一直采用讽画，风格一如既往。《醒华画报》的寿命不短，从清末跨时代地一直办到民国初年(1913年)。

陆辛农与温子英离去后，在日租界旭街德庆里内另办一份《人镜画报》，开本比《醒华画报》略略横长一点，只是文字采用了新式的铅字印刷。办刊主张和《醒俗画报》没有两样，也是用讽画来做封面，只是增加了文字版面，更适合识字的人阅读。相对平民性也就差一些。

这样，一时天津就有了两份画刊——《醒华画报》与《人镜画报》。

在中国封建时代的最后几年，天津出现的这些画报，显示了这个城市文化人对国家命运的关切，以及自愿担当的唤醒民众的责任，而且敢写敢画，富于勇气。今日读了，仍心生敬佩。

由于《醒俗画报》和《醒华画报》的一些图画具有很强的真切性与生活气息，这里便选择其中若干作为本书的插图。图中内容与小说的故事并不相干，但文耶图耶却都属于同一时代。这样做的目的，乃是想有助读者进入、感受与认知那个时代是也。

2008年6月